U0929013

成功的秘诀在于对目标的执着追求。

只要你肯奋斗，

没有什么是绝对不可能的。

挑战不可能

李晓媛◎编著

只要你肯奋斗，

没有什么是绝对不可能的。

没有灯的小路一样可以行走，

只要心还在。

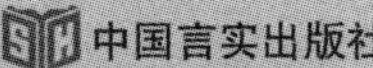

中国言实出版社

图书在版 编目(CIP)数据

挑战不可能 / 李晓媛编著. -- 北京 : 中国言实出版社, 2017.6（2022.9重印）
ISBN 978-7-5171-2449-8

Ⅰ. ①挑… Ⅱ. ①李… Ⅲ. ①成功心理－通俗读物 Ⅳ. ①B848.4-49

中国版本图书馆CIP数据核字(2017)第166118号

责任编辑：张　丽
封面设计：浩　天

出版发行　中国言实出版社
地　址：北京市朝阳区北苑路180号加利大厦5号楼105室
邮　编：100101
编辑部：北京市海淀区北太平庄路甲1号
邮　编：100088
电　话：64924853（总编室）64924716（发行部）
网　址：www.zgyscbs.cn
E-mail：zgyscbs@263.net

经　　销　新华书店
印　　刷　三河市京兰印务有限公司
版　　次　2017年9月第1版　2022年9月第2次印刷
规　　格　880毫米×1230毫米　1/32　印张8
字　　数　200千字
定　　价　38.00元　　ISBN 978-7-5171-2449-8

前　言

著名的钢铁大王卡内基经常提醒自己的一句箴言是："我想赢，我一定能赢。"结果，他真的赢了。在这里，很重要的一点就是他排除了自己"不可能赢"的想法，并且愿意付出努力，将所谓的"不可能"变为"可能"。

不敢向高难度的工作挑战，是对自己潜能的画地为牢，只能使自己无限的潜能白白地耗掉。如果你想取得事业上的辉煌成就，使自己成为单位优秀的一分子，你就要丢掉心中的限制，积极找方法，用行动改写工作中的"不可能"。

改变工作中的"不可能"，首先就不要用"心灵之套"把自己套住，只要有了"变"的理念，就一定能够找到"变"的方法。

在遇到困难的时候，我们需要做的就是及时换个思路，多尝试几种方法，具有变负为正的勇气与气魄和改变"不可能"的智慧与方法，相信困难只能成为你的一块磨砺石，而绝非拦路石。

是的，没有什么是绝对的，也没有什么是不可能的。成败的差距不仅在于客观事实，也同样在于毅力和方法。或许今日在你眼中，这件事是绝对不可能的，但或许不久它就能被实现。就如同人类总是做着在天空飞翔的梦，但人类最终发明了飞机，实现了这一“不可能”的梦想。

为什么很多人认为不可能的事情，最终都能成了现实呢？关键的一点，就是抛弃了“不可能”的念头，只想着如何解决问题，想着如何全力以赴，穷尽所有的努力。

如果你真的希望能解决问题，真的渴望寻找到好的方法，那么，请去除你心灵上的限制，不要再用“不可能”来逃避问题。因为正如拿破仑所说：“‘不可能’是傻瓜才用的词！”

在人们的传统职场思维中，工作中存在着许多禁区，这是不能做的，那是不能想的，许许多多的事情都被贴上了“不可能”的标签。然而，带着思想工作的人却要向这一思维挑战，因为他们知道“不可能”绝非永远。

目　录

第一章 点燃生命之火

第二章 从不可能走向可能

第三章 挑战不可能

第四章 做工作的勇者

第五章 勇于冒险

第六章 突破心中的不可能

第七章 行动就有可能

第一章 点燃生命之火

生命中没有不可能

在我们的成长历程中，如果你能够鼓足勇气去挑战那些在常人看来不可能的事，往往就能收获更多的机会。

什么是不可能的事？不可能的事，是因为不能坚持，没有信念。坚持向着自己梦想的方向前进，“不可能”就不会出现在你的字典里。

我们看看下面这个故事，通过这个故事，我们可以得到这样的启示：世上只有想不到的事，没有做不到的事，关键只在于你是否具有积极的信念。

王晓晓曾经是一名警察，也是队里唯一的女警，21岁就以优异的成绩进入了刑侦大队。可是一次事故改变了她的一生。

在王晓晓进入刑侦大队的第二年，队里接到一个围堵大毒犯的任务。在山区里，毒犯已经被部队围困了三天，在这三天里毒犯没有一点动静，于是队里准备让小分队进去侦察，王晓晓正好在那个小队里。队长怕王晓晓出事，极力反对她参加侦察任务，可是王晓晓坚持要去，她的理由是一名警察不能遇事就退缩，再困难也不能让罪犯逍遥法外。

这一次的侦察活动很成功，毒犯被王晓晓三枪毙命，但是

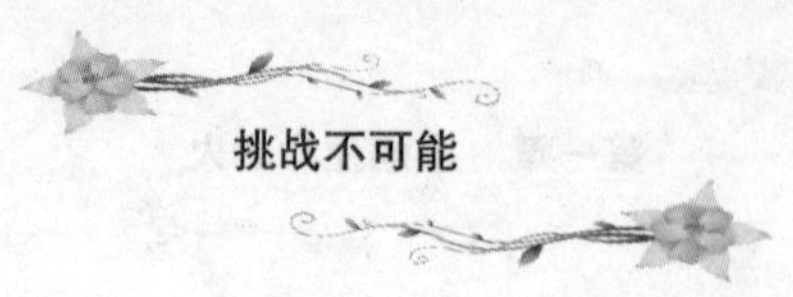

王晓晓也被罪犯的子弹打中。当王晓晓醒来时，她意识到自己的下半身已经没有一点感觉了，当医生告诉她，她的下半身已经永久性瘫痪时，王晓晓伤心地哭了。

那天晚上王晓晓问自己：我是奋发向上，还是灰心丧气地活着？最后，王晓晓选择了奋发向上，因为她对自己的能力仍然坚信不疑。第二天同事看到王晓晓时，她已经不再伤心了，她对同事说："虽然我已经不能再走路了，但是我还可以做一名教师啊！我小时候的理想就是不能做警察也要做一名教师。"

几个月后，王晓晓出院了，她为了自己的理想，坐着轮椅开始向一些学校提出申请，希望能到学校里工作，就算做一名学校的体育顾问也行。可是王晓晓已经瘫痪了，而且她没有经过任何教师培训，学校认为她连最基本的楼台都无法上去，根本不可能做一名教师。对于这位曾经三枪击毙毒犯的英雄来说，她为了自己做教师的信念，根本不把学校的拒绝放在心上，她仍然向其他学校递交申请书，终于在两个月后，有一家学校愿意聘用王晓晓，让她担任一名语文代课老师。

由于王晓晓教学有方，她很快得到了学生们的尊敬和爱戴。那些昔日不喜欢学习的学生也开始对学习产生了兴趣。为此，许多教师都向她请教，她只是对这些教师说："其实每一个学生都有感兴趣的事，只要抓住他们的兴趣就好办了。"

就这样，几年过去了，在此期间王晓晓还获得了市高级教师的职称。

是啊，任何一件事情最终能否做成，关键在于做事者对

“可能”与“不可能”的认识。只有那些拥有自信的人，才可能成就不平凡的事业。通过王晓晓的故事，我们又认识到了信念的重要性：只要拥有积极的信念和努力奋斗的精神，一切困难都可以克服。

中国的长城、埃及的金字塔，如果这些建筑没有呈现在我们的眼前，只是出现在记录或者图片上，我们会相信以几千年前的科技水平能建造出这样伟大的奇迹吗？所以，任何一个人都要相信自己的力量，不要受周围环境的影响。只要你能够毅然地前进，成功之门就会为你打开。如果你对自己的能力存在着严重的怀疑和不信任，那么，许多事你都不可能做成功，也不可能成就那些伟大的事业。

维克托·弗兰克尔曾经是纳粹德国集中营中的一位幸存者，他说过这样的话：“在任何特定的环境中，人们还有最后一种自由，就是选择自己的态度。”换句话，我们可以理解成一个人是否能成功，关键在于他的态度，成功人士与失败者之间的差别只在于成功人士始终用积极的思考、乐观的精神和丰富的经验支配和控制自己的人生。失败者刚好相反，他们的人生是受过去的种种失败与疑虑引导和支配的。

所以，永远不要消极地认为什么事情都是不可能的，只要你对自己拥有信念并加以努力，不可能的事也会变成可能。

在自然界当中，有一种十分有趣的动物，叫作大黄蜂。曾经有许多生物学家、物理学家、社会行为学家联合起来研究这种生物。

根据生物学的观点，所有会飞的动物，其条件必然是体

态轻盈、翅膀十分宽大，而大黄蜂这种生物却正好反其道而行。大黄蜂的身躯十分笨重，而翅膀又是出奇的短小。依照生物学的理论来说，大黄蜂是绝对飞不起来的。而物理学家的观点则是，大黄蜂身体与翅膀这种比例的设计，从流体力学的观点看，同样是绝对没有飞行的可能。简单地说，大黄蜂这种生物，根本是不可能飞得起来的。可是，在大自然中，只要是正常的大黄蜂，却没有一只不是飞行的高手。它飞行的速度，并不比其他能飞的动物慢。这种现象，仿佛是大自然和科学家们开了一个很大的玩笑。

最后，社会行为学家找到了这个问题的答案。那就是，大黄蜂根本不懂“生物学”与“空气动力学”。每一只大黄蜂在它成熟之后就很清楚地知道，自己一定要飞起来去觅食，否则就必定会活活饿死！这正是大黄蜂先天条件不足但仍能够飞行的奥秘。

社会行为学家给出的答案并不是那么可信，但我们不妨随着社会行为学家的思路朝另外一个角度来设想。如果大黄蜂能够接受教育，懂得了生物学的基本概念，了解了空气动力学，而且也很清楚地知道，自己身体与翅膀的设计，完全不适合用来飞行，那么，这只学会告诉自己“不可能”会飞的大黄蜂，还能够飞得起来吗?

或许，在过去的岁月当中，有许多人在无意间灌输了你许多“不可能”的思想，但请你把这些种种的“不可能”完全抛开吧！再一次明确地告诉自己：“生命，是永远充满希望并值得期待的！因为未来是不可知的。”有些情况下，正是人类的无知才有行动的勇气，才有了实现理想的可能。

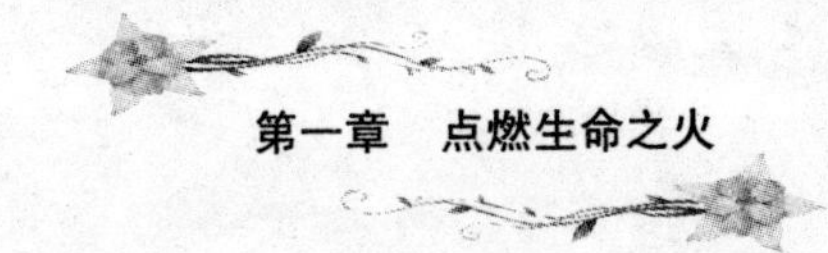

相信生命的力量

了解生命节奏的规律也是人生哲学的一部分，我们应当据此来调整自己。我们应当能够容忍生命中的低潮，并且记住，生命的潮水还会卷土重来。

一位睿智的诗人说，自醒时，规划蓝图；忧伤时，完成工作。这是日常生活的真正智慧，尤其是生命中的美丽与快乐似乎都离你远去、生命变得无聊的时候。

卡尔·赛蒙顿是美国一位专门治疗晚期癌症病人的著名医生。在他的从医生涯中，有这样一则有趣的故事。

有一次，赛蒙顿医生治疗一位61岁的癌症病人。当时这位病人因为病情的影响，体重大幅下降，瘦到只有98磅（约合44公斤），癌细胞的扩散使他无法进食，甚至连吞咽都很困难。

赛蒙顿医生告诉这位患者，将会全力为他诊治，帮助他对抗恶疾。同时每天将治疗进度详细地告诉他，明白无误地讲述医疗小组治疗的情形，以及他体内对治疗的反应，使得病人对病情得以充分了解，以便缓解不安的情绪，充分和医护人员合作。

结果治疗情形出奇的好。赛蒙顿医生认为这名患者实在是

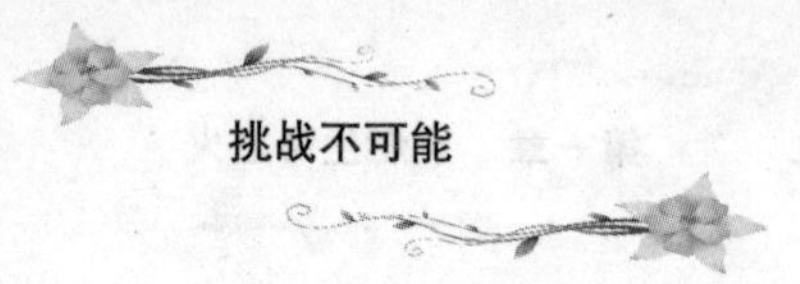

个理想的病人，因为他对医生的嘱咐完全配合，使得治疗过程进行得非常顺利。

更为关键的是，赛蒙顿医生教这名病人运用想象力，想象他体内的白细胞如何与顽固的癌细胞对抗，并最后战胜癌细胞的情景。结果数星期之后，医疗小组果然抑制了癌细胞的破坏，成功地战胜了癌症。对这个杰出的治疗结果，就连医生本人都感到惊讶。

其实医生不必惊讶，他曾对患者说：“你对自己的生命拥有比你想象的更多的主宰权，即使是癌症这么难缠的恶疾，也在你的掌握之中。事实上，你可以运用心灵的力量，来决定你的生与死，因为你可以运用心灵的力量来掌握自己的生死。如想象自己是一位三军统帅，领导体内的各路大军去战胜那些侵犯自己的敌人。作为一个统帅，当然要有过人的自信，只有这样我们才能去面对并战胜一切的困难和挑战。甚至，如果你选择活下去，你可以决定要什么样的生活品质。”事实上，当你有了这种坚定的信念时，你将释放令自己都惊讶的潜能，它会帮助我们在人生路上不断地战胜困难、赢得胜利。

面对心灰意冷的患者时，赛蒙顿医生总会这样说：“对自己的生命，你拥有比想象中更多的主宰权。

生命像海洋一样潮起潮落，情感来来去去，时而把我们抬到最高点，时而把我们落到最低谷。同样的道理，这个世界今天也许会明亮可爱，明天可能就会阴沉恐怖。

有一个技艺高超的老锁匠，一生开过无数的锁。他为人正直，虽然有开锁的绝技，却从不以此来卖弄或以此来“赚点外

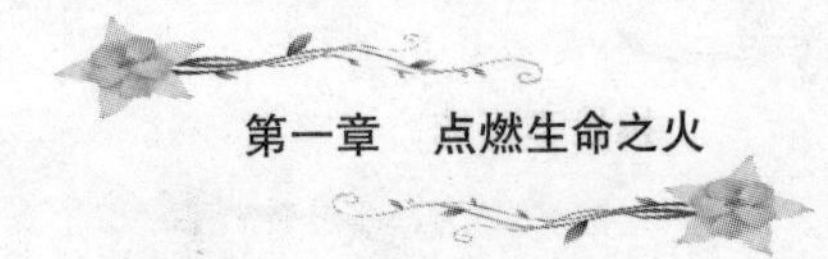

快”，他正直的品格得到了大家的一致赞赏。

老锁匠渐渐老了，为了使自己的这项绝技能够流传后世，他物色了两名徒弟，并把一身的开锁技艺传给了两个年轻人。

过了一段时间，老锁匠决定从这两人之间选择一个做接班人，就让这两人考了一次试。

老锁匠在两个房间里分别放了保险箱，让两个徒弟去开，看谁花的时间短。大徒弟只用了半个小时就打开了。众人都认为大徒弟胜券在握，二徒弟可要危险了。老锁匠问大徒弟：“保险柜里装的是什么？”大徒弟露出贪婪的神色：“很多钱，全是一百的。”老锁匠转过脸又问二徒弟这个问题，二徒弟支吾了半天才说：“师傅，我没向保险箱里看，您只吩咐我开锁，并没有让我看里面。”

老锁匠微微一笑，宣布二徒弟为他的接班人。

老锁匠向不明所以的众人和不服气的大徒弟解释道：“人行事都要讲一个“信”字，尤其是开锁这样的工作，更需要极高的职业道德。我是要把徒弟培养成一个技艺高超的锁匠，培养成一个心中只有锁而没有杂念的人。如果弟子心术不正，就会心生杂念、私欲膨胀，进而就可能以自己的技艺去谋取不正当的利益。修锁的人心中要有一把永远不能打开的锁。”

人心是把锁，不该打开的时候，永远不能打开，比如“私心贪欲”这把锁。

老锁匠的话带给我们的思考也是深刻的。正直是人的立身之本，一个人如果没有正直，就不会有人相伴；没有正直，你也很难赢得别人的尊重。我们必须懂得正直，正直就是你坚持一套原则的程度。正直把道德带入比赛的竞技场，当正直转变为行为时，也不必以明确的道德原则来支持。当你具备了正直的品德，能够坦然地接纳自己，心灵变得成熟起来，你就会欣喜地发现你已经为自己赢得了很多朋友。

我们在生命的阶梯上走得越高，生命就越捉摸不定，变化就越快。人的精力总是很奇怪，时而异常高涨，时而落入低谷。

这个世界上没有什么不可能

我拒绝承认现实存在不可能实现的东西。我还没有看到任何人敢确定什么是可能的，什么是不可能，哪怕他对此事悉数皆知。

在做一件事前，我常会对自己说：“算了吧！这是不可能的。”其实所谓的“不可能”，只是我不敢去面对挑战的借口，只要大胆去尝试，就可以把很多“不可能”变成轻而易举的事。

这个世界上没有什么不可能的事情，只要肯充分发挥自己的潜力，敢去做别人认为不能做、不可能做的事，就成功了60%。总喜欢说“不可能”的人，必定是一个失败之人。因为他在做任何事情之前，首先想到的是失败的后果，根本没有勇气去设想成功的喜悦。这样，他在做事的过程中，就会不断地寻找各种困难作为放弃的理由，直至将本来有可能的事情，变得完全没有可能。

只有克服了“不可能”这种心理因素，才能将奋斗付诸行动，才能朝着既定的目标前进。而克服“不可能”的唯一办法就是牢固树立“没有不可能的事情”的意识。当你树立起这种意识之后，你就会发现，积极主动的心态取代了消极悲观的心态；对任何事情你都会主动尝试而非被动接受；无论处境如何，你都会对未来充满希望；越来越多的目标都能如愿实现，尽管过程充满艰辛，但你从未中途放弃。

当真正认识并彻底领悟“世上没有不可能的事情”的时候，离成功就又近了一步。只有积极主动的人，才能在瞬息万变的竞争环境中取得成功；只有善于展示自己的人，才能在工作中获得真正的机会。

一个想要成功的人，不需要那些“不可能”或是“我办不到”之类的话。把这些借口永远丢掉，因为正如拿破仑说的，“不可能”是傻瓜才用的词!

没有什么是绝对的，也没有什么是不可能的。

我在《启示录》中读到过这样的话：“勇于克服困难的人，我邀请他与我共享荣誉。”所以当我们接受任务需要执行时，面对困难和挑战时，我们应该抛弃“不可能”的念头，只想到如何解决问题，想着如何全力以赴，穷尽所有的努力去执行，而不是等到所有的外部条件都完善了再开始着手做事，我们能做的唯有立即执行，不怕失败。

当尼尔森在尼罗河战斗打响之前详细地解释他的精心计划时，贝里船长高兴地问：“如果我们成功了，世界会怎么评论？”

“没有什么‘如果’，”尼尔森答道，“我们一定要取得胜利。谁能活下来讲述这段故事，就是另外一回事了。”随后，当他的船长们离开讨论会场走向他们各自的船只时，尼尔

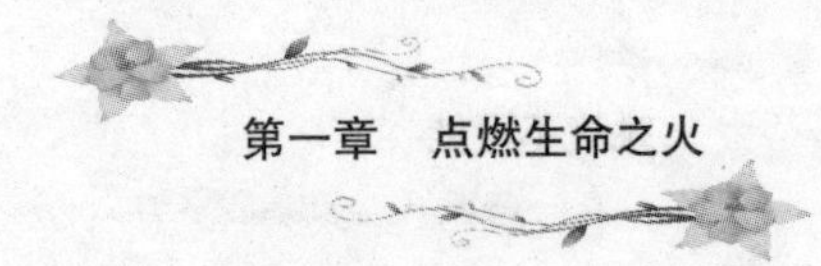

森又加了一句："在明天这个时候之前，我们要么已为自己赢得尊贵的地位，要么就已进入了威斯敏斯特教堂的墓地。"在别人看到的只是失败的时候，他用自己敏锐的眼光和果敢的精神发现了赢得伟大胜利的机会。

"有可能通过那条路吗？"拿破仑向工程人员问道，他们是被派遣去探索圣伯纳德的那条可怕的小路的。"也许，"工程人员有些犹豫地回答，"还是有可能的。"

"那就前进！"拿破仑说道，根本没有注意那些似乎难以逾越的困难。英国人和奥地利人对于翻越阿尔卑斯山的想法表现出嘲笑和不屑一提，那里"从没有车辆行驶，也根本不可能有"，更何况是一支6万人的部队，他们带着笨重的大炮、数十吨的炮弹和辎重，还有大量的军需品。但是饥寒交迫的麦瑟那正在热那亚处于包围之中，胜利的奥地利人聚集在尼斯城前，而拿破仑绝不是那种在危难中将以前的伙伴弃之不顾的人，他除了前进别无他念。

在这个"不可能"的任务被完成后，有些人认为这早就能够做到，而其他人之所以没有做到，是因为他们拒绝面对这样的困难，固执地认为这些困难不可克服。许多指挥官都拥有必要的补给、工具和强壮的士兵，但他们却缺少拿破仑那样的勇气和决心。拿破仑从不在困难面前退缩，而是不断进取，创造并抓住了胜利的机会。

凡事皆有可能

一件事情是否能做成，关键要看做事者对“可能”与“不可能”的认识。坚强自信的人，往往可以成就神奇的事业，成就那些虽然天分高、能力强但却疑虑重重与胆小的人所不敢尝试的事业。因此，只要努力，一切难关都可以被除掉，都会把“不可能”变成“可能”。

不热烈、坚强地希求成功而能取得成功，天下绝无此理。成功的先决条件就是自信。河流是永远不会高出其源头的。人生事业之成功，亦必有其大源头；而这个源头，就是梦想与自信。不管你的天赋怎样高，能力怎样大，文化水平怎样高，你的事业上的成就，总不会高过你的自信，你能够，是因为你想你能够；他不能够，是因为他想他不能够。自信心是比金钱势力、家世亲友更有助于你成功的东西，它是人生的最可靠的资本。它能使人克服困难，排除障碍，使人的冒险事业终于成功，它比什么东西都更有效。

在普通人看来不可能的事，如果当事人能从潜在意识去认为“可能”，也就是相信可能做到的话，事情就会按照那个人信念的强度，而从潜意识中流出极大的力量来。这时，即使表

面看来不可能的事，也可以完成。

不论是工作，还是缺资本。只要在不景气中不停奔波就能渐渐露出头角，这方面成功的例子很多。那是因为他能够不管别人说“那不可能”的话，而抱着“我一定要把那件事完成给你看”的信念之故。

由此看来，许多不可能的事往往会变成可能，这种奇迹般的事是可能发生的，有时甚至在短时间内就会产生效果。

许多令人无法相信的伟大事业也有人能够去完成，其主要原因是，那些人都拥有不怕艰难的强烈信念。所以，要相信自己的力量，不要受周围声音的左右。能如此毅然地前进，成功之门就会为你打开。假使你在一生中对自己的能力存在着严重的怀疑和不信任，那就绝不能在事业上取得多大的成就。

这世界上，有许多人，他们以为别人所有的种种幸福，是不属于自己的，以为自己是不配有的，以为自己不能与那些命运特佳的人相提并论。然而他们不明白，这样的自卑自抑，自我抹杀，是可以大大地减弱自己的生命力，也同样会大大减少自己的成功机会。

有许多人往往想，世界上种种最好的东西，与自己是没有关系的；人生中种种善的、美的东西，只是那些幸运宠儿所独享的，对于自己则是一种美好的设想。他们沉迷于自以为卑微的信念中，则他们的一生，自然要卑微以殁；除非他们一朝醒悟，敢抬头要求“优越”。人世间有不少可以成大事的人老死家中，默默无闻，这是因为他们对于自己的期待要求太小。

有些人总喜欢说，他们现在的境况是别人造成的，环境

决定了他们的人生位置。但是，我们的境况不是周围环境造成的，境由心造，不是吗？说到底，如何看待人生，由我们自己决定。

马尔比·D. 巴布科克说：“最常见同时也是代价最高昂的一个错误，是认为成功有赖于某种天才，某种魔力，某些我们不具备的东西。”可是成功的要素其实掌握在我们自己的手中。成功是正确思维的结果。一个人能飞多高，并非由人的其他因素，而是由他自己的态度所决定的。

一个人是否能成功，就看他的态度了！成功人士与失败者之间的差别是：成功人士始终用积极的思考、乐观的精神和辉煌的经验支配和控制自己的人生。失败者刚好相反，他们的人生是受过去的种种失畋与疑虑所引导和支配的。

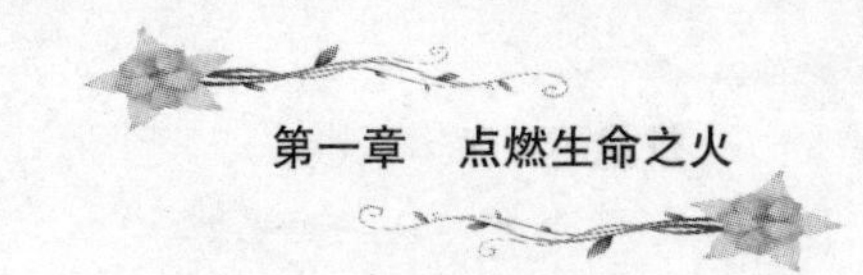

杜绝“不可能”的想法

曾经有一本畅销的励志书叫《我们为什么还没有成功》，在这本书里，作者李伟所写的很多理念引起了读者的共鸣，成为成功道路上的指向标，其中有一条就是：“这世界上没有什么不可能，只是暂时还没有去挑战自我，如果我们去挑战自我，就能把绝不可能变成绝对可能！”其实，把这句话简单来说，就是：没有什么不可能，积极进取，把“不可能”变成“不，可能”！只要敢于蔑视困难，把问题踩在脚下，你会发现：所有的“不可能”，最终都会成为“可能”！

“体操王子”李宁说，一切皆有可能！“不可能”只是失败者的禁锢，具有积极态度的人，从不将“不可能”当作一回事。曾经，航空业对个人来说，是遥不可及的，想进入这一领域更是天方夜谭。但有一个人，打破了这个规律，他就是中国民航史上第一个民间包飞机的人——王均瑶。

1991年，王均瑶还只是一个在湖南做生意的小商人。春节前，他和一帮温州朋友从湖南包“大巴”回家过年，但长沙距温州路途非常遥远，在路上颠簸了10多个小时，当时王均瑶很疲惫，就脱口而出：“唉，汽车实在太慢了！慢腾腾地，得走好几天才能到家，真累啊！”旁边的一位老乡挖苦说：“飞机快，你坐飞机回去好了！”

“对啊，我为什么不能包飞机呢？”

说干就干，王均瑶就这样踏进了湖南省民航局的大门。经历了常人难以想象的艰难后，王均瑶终于包机成功了。

1991年7月28日，25岁的王均瑶开了中国民航史上私人包机的先河，承包了长沙至温州的航线，而这一天也是相当有纪念意义的。十年之后，他又进行了一项石破天惊的举措，成为民营资本进入航空业的第一人，他的均瑶集团投资18%的股份，成为中国东方航空武汉有限责任公司的股东，这是国内首家民营企业参股国有航空运输业。

真可谓是“胆大包天”的王均瑶，在当年个人进入航空业简直是天方夜谭，但是他打破了这个规律。在他的头脑中，没有“不可能”一词。别人的一句玩笑话，反而成了他进取的一个目标，从而实现了“不可能”变“可能”的巨大转变，也创造出一片“奇迹”的天空。

因此，从今天起，你一定要充分相信自己，敢于向“不可能完成”的工作挑战，并从中不断磨砺自己，让自己成为一名真正的“职场勇士”。

三星公司开发笔记本电脑要比索尼公司晚得多，但三星的新产品不断推出，而索尼公司的新产品却是“千呼万唤始出来”。据知情者透露，当年索尼的笔记本电脑因为设计精巧而在市场上很畅销，三星公司为与其经典产品一比高下，决心开发出比索尼更轻更薄的新款笔记本电脑。于是，三星高层要求

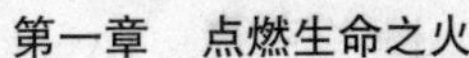

研发人员按照比索尼同类产品“至少薄1厘米”的标准来努力。尽管这在当时看来几乎是一个不可能完成的任务，但是三星研发人员经过八次反反复复的实验与提高，还是实现了这个高难度的目标。

当时主攻技术创新的陈大济带领研发队伍接手了这项艰巨的任务。在全球经济不景气，其他企业纷纷缩减研发费用之际，他和研发人员勇敢地承担起责任，不懈地努力，付出了常人无法理解的艰辛努力。因为他们知道，如果实现不了这个目标，三星公司将失去市场竞争力，更不可能强大起来！对工作的结果负责，对公司的责任感，促使他们不断克服技术难题，成功实现了在别人看来根本不可能实现的结果。

当全球最大的计算机公司戴尔看到了三星的这些产品后大吃一惊，赶紧派人到三星采购。由此，三星顺利地从戴尔手中得到了160亿美元的采购订单，一下子成为全球制造高端笔记本最强大的企业之一。

由此，我们得到一个结论，企业或个人的成功业绩与财源、机会、性格、知识、民族、种族都没有必然联系，只有一点是共同的、必须具备的——那就是对结果负责的强烈责任感。只要抱着对工作结果负责的认真态度，经过一番努力后，我们的任何目标都能实现！

“不可能”绝非永远

福特汽车的创始人亨利·福特，在制造著名的V-8汽车时，他明确指出要造一个内附汽缸的引擎，并指示手下的工程师们马上着手设计。

但其中一个工程师却认为，要在一个引擎中装设汽缸是根本不可能的。他对福特说：“天啊，这种设计简直是天方夜谭！以我多年的经验来判断，这是绝对不可能的事。我愿意和您打赌，如果谁能设计出来，我宁愿放弃一年的薪水。”

福特先生笑着答应了他的赌约。他坚信自己的设想：“尽管现在世界上还没有这种车，但无论如何，我想只要多搜集一些资料，并把它们的长处广泛地加以分析和改进，是完全可以设计和生产出来的。”

后来，其他工程师通过对全世界范围内的汽车引擎资料的搜集、整理和精心设计，结果奇迹出现了，他们不但成功设计出带汽缸的引擎，而且还正式生产出来了。

那个工程师对福特先生说：“我愿意履行自己的赌约，放弃一年的薪水。”

此时，福特先生严肃地对他说：“不用了，你可以领走你

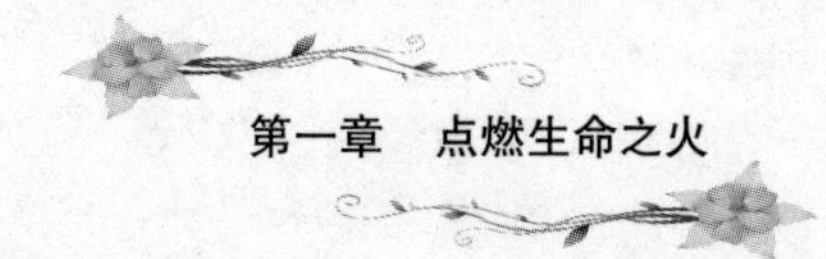

的薪水，但看来你并不适合再在福特公司工作了。”

那个工程师在其他方面的表现很不错，但他却仅仅凭借自己现有的知识和经验就妄下结论，而不是去积极主动地广泛搜集相关的资讯，最终等待他的必然是失败

著名的钢铁大王卡内基经常提醒自己的一句箴言是：“我想赢，我一定能赢。”结果，他真的赢了。在这里，很重要的一点就是他排除了自己“不可能赢”的想法，并且愿意付出努力，将所谓的“不可能”变为“可能”。

不敢向高难度的工作挑战，是对自己潜能的画地为牢，只能使自己无限的潜能白白地耗掉。如果你想取得事业上的辉煌成就，使自己成为公司优秀的一分子，你就要丢掉心中的限制，积极找方法，用行动改写工作中的“不可能”。

现在提到戴姆勒·克莱斯勒汽车公司，人们头脑中闪现的就是奔驰轿车的豪华、舒适和克莱斯勒的强大。然而，李·艾柯卡1979年到克莱斯勒汽车公司任CEO时，接手的却是一个债台高筑的烂摊子。万般无奈之下，艾柯卡只好求助于政府，希望能够得到美国政府的担保，以便从银行获得15亿美元的贷款，用于克莱斯勒公司研制新型轿车。

这一消息传出后，在整个美国引起了轩然大波，惹出了一片斥责之声。

原来，在美国企业界有一个不成文的规则：依靠外部力量，尤其是依靠政府的帮助来发展经济的做法，是不合乎自由竞争的原则的。

面对企业界、美国政府、国会和舆论界的一片斥责、反对

声，艾柯卡并没有气馁，他坚信规则是死的，而人是活的，没有什么规则是不能打破的。他不急不躁，冷静地分析了当时的形势，采取了“分兵合进、各个击破”的战术，耐心地去扫除公共关系上的重重障碍。

首先，他援引了美国人所共知的史实，有根有据地向企业界说明：过去，洛克菲勒公司、全美五大钢铁公司和华盛顿地铁公司都曾先后取得过政府担保的银行贷款，总额高达497亿美元。而克莱斯勒公司请政府出面担保15亿美元贷款的申请，却遭到非议，道理何在？

对政府，艾柯卡则不卑不亢，提出了言辞温和而骨子里却很强硬的警告。他先是替政府热心地算了一笔账：如果克莱斯勒公司现在破产，那么，将有6万工人失业。仅破产的第一年，政府就必须为此支付27亿美元的失业保险金和其他社会福利开销。然后，他彬彬有礼地向当时正为财政出现巨额赤字的美国政府发问：“您是愿意白白地支付27亿美元呢？还是愿意仅仅出面担保，帮助克莱斯勒公司向银行借15亿美元的贷款呢？”

对国会议员们，艾柯卡的工作更是做得滴水不漏。他为每个国会议员开出一张详细的清单，上面列有该议员所在选区内所有同克莱斯勒公司有经济往来的代销商、供应商的名字，并附有一份如果克莱斯勒公司倒闭将在其选区内产生什么经济后果的分析报告。这样做的实质，是在暗示这些国会议员们：如果你投票反对政府为克莱斯勒公司担保贷款，那么，你所在选区内就将有若干与克莱斯勒公司有业务关系的选民因此而丢掉工作，而这些失业的选民对剥夺他们工作机会的国会议员必然反感。试问，你的议员席位还会稳固吗？

接着，艾柯卡又向舆论界大声疾呼：挽救克莱斯勒公司，正是维护美国的自由企业制度，保护市场竞争。北美只有三家大汽车公司，一旦克莱斯勒公司破产垮台，整个北美市场就将被通用和福特两家公司瓜分垄断。这样一来，美国所引以为豪的自由竞争精神岂不就荡然无存了吗？

艾柯卡这种“分兵合进、各个击破”的战术，最终收到了奇效：企业界反对派偃旗息鼓；国会那些原先曾激烈反对政府担保的声音也销声匿迹；舆论界也开始转变态度，从反对变为同情，进而声援克莱斯勒公司申请政府担保。艾柯卡不动声色地化干戈为玉帛，争取到了社会上各个方面对他的支持，终于将他所需要的15亿美元贷款顺利拿到手。

靠着这笔来之不易的贷款，克莱斯勒公司一举开发出了数款新型轿车。

改变工作中的“不可能”，首先就不要用“心灵之套”把自己套住，只要有了“变”的理念，就一定能够找到“变”的方法。

在遇到困难的时候，我们需要做的就是及时换个思路，多尝试几种方法，具有变负为正的勇气与气魄和改变“不可能”的智慧与方法，相信困难只能成为你的一块磨砺石，而绝非拦路石。

是的，没有什么是绝对的，也没有什么是不可能的。成败的差距不仅在于客观事实，也同样在于毅力和方法。或许今日在你眼中，这件事是绝对不可能的，但或许不久它就能被实

现。就如同人类总是做着在天空飞翔的梦，但人类最终发明了飞机，实现了这一“不可能”的梦想。

为什么别人都认为不可能的事情，最终都能成为现实呢？关键的一点，就是抛弃了“不可能”的念头，只想着如何解决问题，想着如何全力以赴，穷尽所有的努力。

如果你真的希望能解决问题，真的渴望寻找到好的方法，那么，请去除你心灵上的限制，不要再用“不可能”来逃避问题。因为正如拿破仑所说：“‘不可能’是傻瓜才用的词！”

在人们的传统职场思维中，工作中存在着许多禁区，这是不能做的，那是不能想的。许许多多的事情都被贴上了“不可能”的标签。然而，带着思想工作的人却要向这一思维挑战，因为他们知道“不可能”绝非永远。

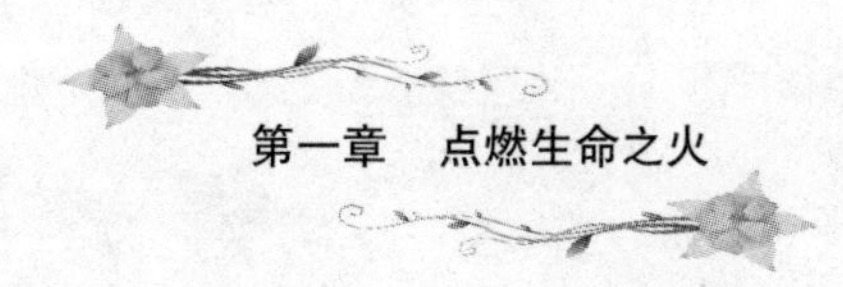

没有做不到的事，只有沉沦的人

当“不可能”的事情把你逼入问题的死角时，你会做出怎样的答复呢？西点军校的学员给出了一个完美的答案：不要沉沦！

如果你的长官命令你从没有桥的地方过河，你不要说自己无法做到。从没有桥的地方过河有两种方式：一是游泳，二是乘船。但是往往现实是这样的：你既没有船，也不会游泳。但是你必须行动，从没有桥的地方过去。

其实，世界上没有无望的事，只有不够勇敢的人，不够执着的心。西点军校正是用这种理念来教育他的学员，用那些看似不可能完成的任务来挑战他们勇气的极限，从而来检验谁是真正的勇士，谁又是无能的懦夫。

众所周知，西点军校的纪律是非常严的，考核也是世界一流的严格，一贯以“魔鬼训练营”著称。在校期间，学员们都要经历艰苦严格的训练。学校还有一个特别的规定，就是每个毕业生在毕业前夕都要经过这样的一项测验：在空旷地带挖一个深洞，里面安置一个高四米、直径为两米的金属圆桶，其内壁光滑无比。受训之人被放进这个圆桶之中，给他一夜的时

间，如果不能上来，这项考核就意味着失败，受试者不仅考试成绩算零分外，还将会无一例外地受到一种处罚：被人从上面抛泥土盖顶，埋至半腰深。

自从这个项目设置以来，几乎每个西点军校的毕业生都不能如愿地空手走出这个圆桶，所以，他们在这个项目上的成绩无一例外是零分。因此学员们纷纷抱怨，说这是个根本无法完成的任务，是学校故意发难。就这样，这个零分的纪录一直保持着，直到一个年轻人的出现，才终结了这个无人打破的纪录，也同时终结了多年来学员们对学校的抱怨。

这个年轻人在毕业考试时，同样也经历了这个非常训练。在参加之前，就已经有很多学长告诉他，他将面对的是一个根本不可能解决的难题，是学校为了打击学员自信而故意安排的恶作剧，这么多年来从没有人能徒手从圆筒中走出来，所以根本不必在意，只要等到考试结束再出来就行了，所有人都是这样的，根本不必白费心力了。

可是成败有时就只在人的一念之间，在同样看似不可能完成的任务面前，有人选择了随波逐流的逃避，可有的人却选择勇敢去面对，不到最后一刻决不放弃。有时候这种敢于坚持到底的勇气，才正是绝望面前的希望。

当他像别人一样被放置在这个四壁光滑的金属圆桶之内时，与别人不同的是：他是一贯喜欢思考的人，面对这个金属圆桶，他就动起了脑筋：既然设置了这个训练，它充其量也只是一个难题而已，肯定能打破。不然，设立这样一个项目毫无意义。于是他开始不停地思索，想方设法地逃脱出去。可是这个光滑的金属圆筒根本没有任何着力点，不管他怎么努力，仍然无法攀岩出去。可是在一次又一次的失败面前，他仍然没有放弃。当别的同学在圆筒里呼呼大睡的时候，他却仍然在思索着逃生的方法。

可是，面对这个没有任何着力点的金属圆桶，人高马大的他同样也没有办法超越生理上的极限，根本不能空手从这只金属圆桶里脱困而出。他在这只桶里待了整整一夜。

就这样，他苦苦地思考了一整个晚上，眼睛都没闭一下。直到第二天，主考官见到他与以前的那些被考核者一样仍然无法走出圆桶，就让手下的士兵向金属圆桶里抛掷泥土，看着落在自己身边的泥土。刚刚还很平静的他立刻站了起来，他并没有像别人一样等着泥土抛洒的惩罚，而是左右闪动身体，并迅速地把那些泥土踏在脚下。

不一会儿，一种出人意料的情景出现了：那些抛下的泥土在他的精心堆积下，竟成了一个越来越高的土堆。随着上面抛洒的泥土越来越多，他脚下的土堆也越积越高。终于，他站在那个土堆上，双手搭在金属圆桶的边沿，他成功地脱困了。当他翻身站立在金属圆桶之上时，主考官走上去握着他的手祝贺说，恭喜你！你在这项考核中获得了满分。

原来，作为一个人，若是不借助工具的话，是根本无法直接从那个内壁光滑的金属圆桶中脱困的。所以，上面抛洒下来的泥土就是唯一的工具，就看应试者能否把握住这一点。那一年，他——道格拉斯·麦克阿瑟以98.14分的总平均积分毕业于西点军校。据说这是西点军校25年来的毕业学员中分数最高的。

人生中难免会遇到类似于此的困境，坐以待毙只是懦夫的不争行径。唯有智慧而积极地因地制宜，化危机为转机，才能获得人生考试中的满分。

麦克阿瑟将军之所以能够成为西点军校25年来唯一一位从金属圆筒脱困的学员，绝不是因为他比别人聪明，更不是因为他比别人幸运，而是因为他比别人勇敢。人们往往不缺少才智，可是当面对困境时，心中的怯懦往往会打败一切智慧，在恐惧和绝望中我们根本无法思考，我们只会一味地怨天尤人，祈求上天的怜悯和别人救赎，而不能够勇敢地站起来，像个勇士一样去面对困难，打败困难，做自己的救世主。

人生也如同一场考试，其中可能有很多难题，看似根本无法解答，我们在这些困难面前往往一筹莫展，灰心丧气。可是人生从没有绝望，上帝为我们安排的每道难关自然有困难之外，只要勇敢面对，总会找到迷宫的出口，迎来耀眼的曙光。

麦克阿瑟正是因为拥有了这份别人所缺少的、直面困难的勇气，才能够让他坚持到最后一刻也不放弃。而世事往往正是如此，当你觉得“山重水复疑无路”时，却又偏偏是“柳暗花明又一村”。

所以说，当我们遇到困难时，先别唉声叹气，想想麦克阿瑟将军，想想西点人的精神，告诉自己，要做勇敢的人，因为勇敢者将所向披靡，因为在勇敢者面前没有绝望，只有希望。

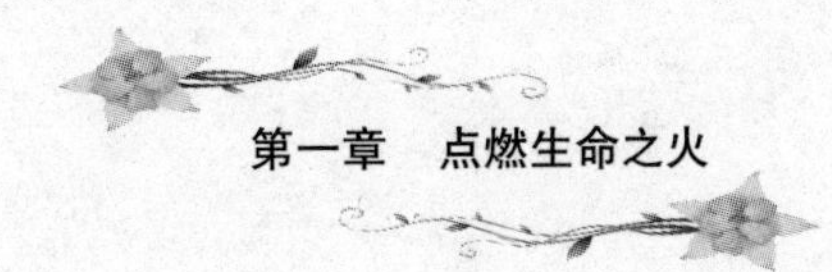

走出不可能的陷阱

西点流行着这样一句话：没有绝对不可能的事情，只要你勇敢地尝试了，你就有达成目标的可能。你要想办法创造可能性，这样事情才可能得到解决。作为年轻人，你也应该具有西点人的这种精神。面对挑战，唯一能想出办法的，只有你自己。什么都不去做，只想依靠别人，局势将根本没有改变的希望。人生的一切变化，都是源于自己的不断开拓。

一般而言，人生中的许多事情我们是能够做到的，只是我们不知道自己能够做到；但如果我们坚持前进，就能做到。

汤姆·邓普西就是一个好例子。他生下来的时候只有半只左脚和一只畸形的右手，父母从不让他因为自己的残疾而感到不安。结果，他能够做到任何健全男孩所能做的事：如果童子军团行军10里，汤姆也同样可以走完10里。

后来，他学踢橄榄球。他发现，自己能把球踢得比在一起玩的男孩子都远。他请人为他专门设计了一只鞋子，参加了踢球测验，并且得到了冲锋队的一份合约。

但是教练却尽量委婉地告诉他“不具备做职业橄榄球员的条件”，请他去试试其他的事业。最后他申请加入新奥尔良圣

徒球队，并且请求教练给他一次机会。教练虽然心存怀疑，但是看到这个男孩这么自信，对他有了好感，因此就收下了他。

两个星期之后，教练对他的好感加深了，因为他在一次友谊赛中踢出了55码远并且为本队挣得了分。这使他获得了专为圣徒队踢球的工作，而且在那一季中为他的球队挣得了99分。

他一生中最伟大的时刻到来了。那天，球场上坐了6.6万名球迷。球是在28码线上，比赛只剩下了几秒钟。这时球队把球推进到45码线上。“邓普西，进场踢球。”教练大声说。

当汤姆进场时，他知道他的队距离得分线有55码远，那是由巴第摩尔雄马队的毕特瑞奇踢出来的。

球传接得很好，邓普西一脚全力踢在球身上，球笔直地前进，但是踢得够远吗？六万六千名球迷屏住气观看，球在球门横栏之上几英寸的地方越过，接着终端得分线上的裁判举起了双手，表示得了3分，汤姆队以19∶17获胜。球迷狂呼乱叫，为踢得最远的一球而兴奋，因为这是只有半只脚和一只畸形手的球员踢出来的！

“真令人难以相信！”有人感叹道，但是邓普西只是微笑。他想起他的父母，他们一直告诉他的是他能够做什么，而不是他不能做什么，他之所以创造出这么了不起的记录，正如他自己说的，“他们从来没有告诉我，我有什么不能做的。”

这个生动的事例告诉我们：永远也不要消极地认定什么事情是自己不可能做到的。首先你要认为自己能，要去尝试，再尝试，最后你就会发现你确实能。

我年轻的时候，抱着要做一名作家的雄心。我知道，要达到这个目的，自己必须精于遣词造句，文字将是我的工具。但是由于我小的时候家里很穷，接受的教育并不完整，因此“善意的朋友”就告诉我，说我的雄心是“不可能”实现的。

于是年轻的我存钱买了一本最好的，最完全的，最漂亮的字典，我所需要的字都在这本字典里面，而我的想法是要完全了解和掌握这些字。但是我做了一件奇特的事，我找到“不可能”这个字，用小剪刀把它剪下来，然后丢掉。于是我有了一本没有“不可能”的字典。以后，我把自己的整个事业建立在这个前提下，那就是对一个要成长，而且要成长得超过别人的人来说，没有任何事情是不可能的。

当然，我并不建议你从你的字典里把“不可能”这三个字剪掉，而是建议你要从你的心智中把这个观念铲除掉。谈话中不提它，想法中排除它，态度中去掉它。抛弃它，不再为它提出理由，不再为它寻找借口。把这三个字和这个观念永远地抛开，而用光明灿烂的“可能”来代替它。

西点军校的每一位学员，在他进入西点的那一日起，就在无形中被告知：“没有办法”或“不可能”对你没有任何好处，请马上删除这样的想法；“没有什么不可能”对你有好处，所以应把它植入你的大脑。

美国内战期间，“战神”罗伯特·李率领的南方军队可谓战无不胜、所向无敌，这可愁坏了林肯，当大家都认为李将军的神话难以被打破的时候，林肯起用了尤利塞斯·辛普森·格兰特。这可是一个整天烂醉如泥、身材矮壮的男人。虽然他也是西点军校的毕业生，但是他在学校时的成绩跟李将军可是有

着很大的差距，在39名毕业生成绩排名中，李将军排在第2名，他却排在第21名。尤其格兰特优点不多，又喜欢喝酒，整日给人邋里邋遢、颓废不已的感觉。这样的怎么可能在战场上打败“战神”李将军呢？简直是笑话！

但是林肯却作出了这样重大的决定，格兰特也做出积极的回应。他怀着对李将军“战神”神话的好奇，带着林肯的重托带领北方军队来到了战场上，他要试一试自己的能力，在他眼里“没有什么不可能的”！没想到这次尝试竟让自己“收获颇丰”——1862年2月他先后攻下了亨利要塞和道格拉斯要塞这两个在密西西比流域的重要据点，取得了北方军队在内战中的每一个胜利，一下子成了士兵们的偶像。

在接下来的战役中，格兰特越战越勇，迫使李将军领导的南方军队不得不“无条件投降”。正是一个令人不屑的“酒鬼”，最终却打破了“李将军常胜”的神话，为林肯赢得了内战的胜利，演绎了美国历史上的传奇。

如果格兰特也和众人一样认为自己不可能打败罗伯特·李，拒绝林肯托付的任务，那么他还有可能获得如此巨大的成就吗？显而易见，一个人的成功，离不开自我的肯定和对命运的好奇。

所以说，在我们的生活中，我们永远也不要消极地认定什么事情是不可能的，首先你要认为你能，然后去尝试、再尝试，最后你就发现你确实能。

有句俗话说：“世上无难事，只要肯登攀。”总是对自己说“我不能”的人永远也不会成功。连只有半只脚的人都能踢橄榄球，一个四肢健全、头脑清醒的正常人还有什么做不到的呢？

千万别感叹：“可能吗？”在我们前行的道路上，潜藏了太多的“不可能”路障，如果我们不能够勇敢翻越这些心理藩篱，那么就只能够蹲在墙角等待失败的降临。

在我们的身边，可以看到这样一些人，他们对超乎常规或者超乎自己能力之外的事情常常会抱着“不可能”的心态，一旦遇到困难，宁愿选择放弃也不愿去努力寻求解决的办法。为什么这些人面对困难时会选择逃避或者退缩呢？有很大的原因是因为他们被“可能吗”的否决心态泯灭了自信。当一个人不相信自己有足够的能力去改变糟糕的处境的时候，他便宁愿选择消极待命或者断然放弃，也往往因此不得不跟机遇擦肩而过。

我们都知道古今中外大凡能够创造奇迹的人，往往都会具备无所畏惧的心态、冲破任何阻力的力量和勤奋执着的态度。他们总是认为“一切皆有可能”，总是认为“没有什么可以难得倒的”，所以能将似乎不可能的事情改变成了可能的事实。一如拿破仑信奉“世上没有什么不可能的事”，因此创造了许多奇迹。

要想让自己成为下一个“拿破仑”，我们就要别轻易感叹“可能吗”。只要我们敢于大胆尝试，才能无怨无悔！其实生活中，许多的“不可能”只是常规理论下的结论，也许是因为信心不足，努力不够，或是过高估计了困难。当我们面对一件看似难以做到的事情时，才发出了“可能吗”的感叹。如果我们有了这种感觉，我们就要学会分析形势，正视困难，鼓励自己奋斗不息，最后用行动去实现，以此证明“世上没有什么不可能的事”！一旦我们有了这样的经历，感觉到自己认为不可能的事实现了，我们就会改变原来的看法，在面对同样的事情的时候，就会努力去尝试，像那些成功人士一样，把不可能的事变成可能。

第二章 从不可能走向可能

获胜才是硬道理

任何的困难与挫折或者是不幸的发生，都不是你需要重视的重点。你需要重视的是你应该如何看待它。如果你将它视作不可战胜的，那么它将变得无法逾越；如果你视它为无物，它将变得无足轻重，甚至还会成为磨炼你意志的一次机遇。

只有获胜，才能赢得生存所需的资源；只有持续获胜，才能得到拓宽并发展自己的空间和领地，才能从竞争的包围圈中脱颖而出。

正如比尔·盖茨所说的："这个世界不会在乎你的自尊，这个世界期望你先做出成绩，再去强调自己的感受。"

中国有句俗语：不管白猫还是黑猫，只要能抓到老鼠就是好猫。在现代市场经济中，任何个人、企业、团队在市场竞争中如果没能获胜或保持领先优势，要想实现基业长青或获得成功那是不可能的，而其最终的结果自然是被市场和社会淘汰。那么存在的意义，也就无从谈起！

以美国硅谷为例，在这块弹丸之地分布着数千家科技公司，均从事IT技术的研发、生产和销售，竞争异常激烈。不仅如此，每年还有数百家新公司诞生，与此同时又有几百家公司

如过眼烟云般消逝。正是这种残酷无情的竞争环境，逼迫硅谷人不断拼搏、不断奋进、不断创新，从而使一些极具竞争意识和竞争优势的企业快速崛起，并推动了IT产业的迅猛发展。

可以说一场无法获胜的战役，一次无法胜出的比赛，一项不能获得利润的投资，不仅是一次蹩脚的作秀和消耗体能的运动，而且还可能是一次难以复生、全军覆没的重创。

只有获胜，才能赢得生存所需的资源；只有持续获胜，才能得到拓宽并发展自己的空间和领地，才能从竞争的包围圈中脱颖而出。一个总是打败仗的团队，它的命运只能是被他人整编、变卖或并购；或者在竞争的挤压下，失去生存空间，破产直至消亡。

如今，百年老店为数不多，而一些存活了两三百年仍保持旺盛生命力，并不断赢得佳绩的企业就更是寥寥无几。大多企业仅是三五年的存活期，随即光华尽失、“香消玉殒”了。生命力之脆弱，生命周期之短暂，无不令人扼腕痛惜。这些企业的死因或许有多种，但有一点是共同的，那就是都忽视了每一项投资、每一次并购、每一个计划、每一步行动所要达成的结果。许多企业管理者热衷于行动，却无视结果。迷恋于行动的过程，却忽视了结果才是行动的根本。本末倒置，导致无人关心结果，无人对结果负责。

结果是什么？结果是行动的落实、目标的实现、任务的达成，是赢得胜利，取得成功的标志！一次没有结果的行动，是无效的，是没有价值的；而一次与目标相反的结果，则是具有破坏性和毁灭性的，会毁掉一个企业！以目标为导向，才能确保每一次任务、每一个行动，都具有实际效用和价值！

有些企业管理者雄心勃勃，制订了一些非常宏伟的战略计划，却在实际运作中屡屡受挫，不仅战略计划无法实现，员工的自信心大受打击，企业也陷入市场和财务双重窘境，难以自拔。究其原因，就是他们将行动与结果分离，甚至将结果抛至一边，一味地为了行动而行动。

塔费奇公司是美国一家生产精细化工产品的企业，经过五年打拼，逐渐由小到大，发展为年产值为数亿美元的企业。为了快速扩张，该公司在养殖、饲料加工、包装等传统项目上闪电出击，又先后投入巨资在医药、软饮料、房地产等多个经营项目上，跨地区、跨行业收购兼并了十多家经营状况不佳，扭亏无望的企业。由于投资金额巨大，经营项目繁杂，经营管理人才欠缺，塔费奇公司背上了沉重的包袱，从而走上了一条自我毁灭之路。

事实上，无论制定何种发展战略，实施何种管理模式，采用何种先进技术，最重要的是，能产生何种效果，能为企业创造多少利润，能使企业有多大提升。

最近几年来，所有的企业家和管理者都注意到了“执行力”这个问题，并且把“执行力”提升到关系企业生死存亡的高度。那么，执行力到底是什么呢？简单地说，对于员工，执行力就是把想做的事情做成功的能力，也就是事情的结果。

许多人说：“结果并不重要，重要的是过程。”这是一种非常不实际的观点，怀着这种所谓的“超然”心态去做事，其结果只能是失败。可以说人们对于成功的定义，见仁见智，而失败却往往只有一种解释，就是一个人没能达到他所设定的目标，而不论这些目标是什么。

在现代社会，这种以结果为导向和评价标准的思维已经成为一种共识。不论你在过程中做得多么出色，如果拿不出令人满意的结果，那么一切都是白费。的确，没有结果的付出只是在做无用功。竞争就是这么残酷无情，不论你曾经付出了多少心血，做了多少努力，只要你拿不出业绩，那么老板和上司就会觉得他付给你薪水是在浪费金钱。相反，只要你有傲人的业绩，老板们就会重视你、认同你，而不管你的过程是否完美、漂亮。

在今天，你是因为成就而获得报酬，而不是行动的过程；你是因为产出而获得报酬，而不是投入或者你工作的钟点数。你的报酬是取决于你在自己的责任领域里所取得成果的质量和数量。

在现今社会只有获胜才是硬道理，才是你挺胸做人，傲视群雄的资本。

不要满足于99%的成功

99%的努力+1%的失误=0%的满意度，也就是说：你纵然付出了99%的努力去服务于客户，去赢得客户的满意，但只要有1%的失误、瑕疵或者不周，就会令客户产生不满，对你的印象大打折扣。

在数学上，“100-1”等于99，而企业经营上，“100-1”却等于0。

一千次决策，有一次失败了，可能让企业垮掉；一千件产品，有一件不合格，可能失去整个市场；一千个员工，有一个背叛公司，可能让公司蒙受无法承受的损失；一千次经济预测，有一次失误，可能让企业破产……

水温升到99℃，并不是开水，其价值有限。若再添一把火，在99℃的基础上再升高1℃，就会使水沸腾，产生的大量水蒸气就可以用来开动机器，从而获得巨大的经济效益。许多人做到了99%，就差1%，但正是这点细微的区别却使他们在事业上很难取得突破和成功。

也许对企业而言，产品合格率达到99%，失误率仅为1%，质量似乎很不错了，但对每个消费者而言，1%的失误，

却意味着100%的不幸！

曾经有一家电热水器生产厂，声称自己的产品质量合格率为99%，各项指标安全可靠，并有双重漏电保护措施，让消费者放心使用。然而一位消费者购买了该厂的电热水器，却不幸摊上了1%的失误。

跟往常一样，他未关电源就开始洗澡，没想到，热水器漏电，而漏电保护装置又失效，以至于他被电流击倒，一条胳膊就残废了。按说，带电使用电热水器属于正常操作范围，不应出现这一故障，即便发生漏电，漏电保护装置也会立刻断电，以确保使用者的安全，然而，这家企业满足于99%的合格率，却给那位消费者带来了巨大的伤害。

由此不禁令人担心，是不是还会有下一个、再下一个消费者摊上这样的不幸呢？如果企业不高度重视这1%的质量失误，不仅消费者的生命安全得不到保障，企业的生存也难以延续下去。试想一下，人们知道后有谁还敢买这样的“危险品”？肯定无人购买，那么公司也无法发展下去，只有关门大吉。

优质的产品，是客户选择你的第一理由，否则，客户根本不可能向你“投怀送抱”，更不可能将其“钱包份额”给你。对此，海尔公司深有体会，并有许多令人称道的做法。

一次，海尔公司副总裁杨绵绵在分厂检查工作，在一台冰箱的抽屉里发现了一根头发。她立即召集相关人员开会，有的人私下议论说一根头发丝不会影响冰箱质量，拿掉就是了，何必小题大做呢？杨绵绵却斩钉截铁地告诉在场的干部和职工：“抓质量就是要连一根头发丝也不放过！”

又有一次，一名洗衣机车间的职工在进行“日清”时，发现多了一颗螺丝钉。职工们意识到，这里多了一颗螺丝钉，就有可能哪一台洗衣机少安了一颗，这关系到产品质量和企业信誉。为此，车间职工下班后主动留下，复检了当日生产的1000多台洗衣机，用了两个多小时，终于查出原因——发货时多放了一颗螺丝钉。

有这样一个案例：每到节庆日，一位采购人员都会收到与其有业务往来、合作非常愉快的一家公司的贺信，而且每张贺信上都附有该公司的总裁签名。有一次，他遇到产品上的一个技术性的问题，打电话向那家公司的技术人员咨询，结果电话转来转去，最后总算转到一位技术人员那里，但这位技术员既不热情，也无耐心，让他上公司的网站去查看。就这样，他的问题仍然未得到解答，技术人员就匆匆挂断了电话。

这人极其愤怒，打电话请求前台小姐，帮他把电话转给那位在贺信上签名的公司总裁。前台小姐却说老总很忙，无法接听电话，此时，他已由愤怒、懊恼到对该公司十分失望了。没过多久，这位采购人员便将全部的业务转给那家公司的竞争对手了。

虽然那家公司以往都做得很好，关怀客户方面似乎也做得不错，但它仅是从自身利益和角度考虑问题，并未切实关心客户的需要。当客户请求帮助时，工作人员却态度生硬，推三阻四，没有真心实意替客户排忧解难。结果，服务上的这一纰漏，断送了自己的生意。

千万不要得意于99％的成功，只要你还有1％的失误和不

足，你的成功就是不完满、有缺憾的，随时可能被他人替代和颠覆。就像特洛伊战场上的阿喀琉斯，纵然有千钧之力和金刚不破之身，但因脚后跟上那一点小小的“破绽”，便横尸疆场，无以复生。

无论是企业还是个人，只满足于99%的成功和优秀，都是骄傲自满、不思进取的表现，不可能有什么大的作为和发展，更不幸的是，当竞争结构发生变化时，他很可能是第一个被市场抛弃、淘汰的人。

其实，做到零缺陷、零失误并不难，只要每个员工时刻保持高度的责任心和敬业精神，把永远不向消费者提供劣质的产品和服务作为企业的道德底线这一思想深植于心，用做人的准则做事，用做事的结果看人，就能赢得客户的满意和回报。

因此，在工作中你应该以最高的标准要求自己。能做到最好，就必须做到最好，能完成100%，就绝不只做99%。只要你把工作做得比别人更完美、更快、更准确、更专注，动用你的全部心血，就能引起他人的关注，实现你心中的愿望。

不要说你不知道

在工作中，每当事情办砸、任务没有完成的时候，我们听到最多的就是“我不知道”“我不知道怎么会这样”“我想尽了办法，但不知道怎样才能改善”“都是他们出的主意，我不知道他们的初衷”……或许事情确实像你所说的那样，也许你真的什么都不知道，但是这样的态度却不可原谅，可以说这是典型的不负责任的态度。因为不论是一个什么样的组织机构，彼此之间总会有着某些直接、间接的关系，所以在遇到问题和困难时，我们所应该做的就是要想办法怎样去解决问题，而不是只两手一摊说“我不知道”，把自己撇得干干净净。

麦克是一家家具销售公司的部门经理。有一次，他听到一个秘密消息：公司高层决定安排他们这个部门的人到外地去处理一项非常难缠的业务。他知道这项业务非常棘手，难度非常大，所以便提前一天请了假。第二天，上面安排任务，恰好他不在，便直接把任务交代给他的助手，让他的助手向他转达。当他的助手打他的手机向他汇报这件事情时，他便以自己身体有病为借口，让助手顶替自己前去处理这项事务。同时他也把处理这项事务的具体操作办法在电话中教给了助手。

半个月后，事情办砸了，他怕公司高层追究自己的责任，便以自己已经请假为借口，谎称自己不知道这件事情的具体情况，一切都是助手办理的。他想，助手是总裁安排到自己身边的人，出了事，让他顶着，在公司高层面前还有一个回旋的余地，假若让自己来承担这件事的责任，恐怕有被降职罚薪的危险。但是，纸是包不住火的，当总裁知道事情的真相后，便毫不犹豫地辞退了他。

与之相反，20世纪末，在美国得州的瓦柯镇一个异端宗教的大本营内，发生了邪教徒的父母被杀事件，同时，在这次事件中，还有10名正在查案的联邦调查局的探员也遭到杀害。可以说在当时这是一件震惊美国的大事，也正是因为这次事件，负责该案的美国司法部部长珍纳·李诺在众议院遭到许多议员的愤怒指责，他们认为她应该为这起惨剧负责。

面对千夫所指，珍纳颤抖地说："我从没有把他们的死亡合理化。各位议员，这件事带给我的震撼远比你们想象的要强烈得多。的确，他们的死亡，我难辞其咎。不过，最重要的是，各位议员，我不愿意加入互相指责的行列。"很明显，她愿意为这次事件担起所有责任，接受谴责，并愿意去积极想办法来处理好这次事件。同时她的这番话也使众多的议员们为之折服，大众传媒也深受感动，所以也就没有去过多地责难她。

另外，因为她一人担起所有的责任，没有推卸，也使本来会给政府带来灾难性后果的指责声音减弱了。那些本来对政府打击邪教政策抱有怀疑态度的民众，也转变观念，开始支持政府的工作，所以尽管这是一次不幸的事件，却有了一个令人满意的处理结果。

面对指责勇于承担责任，显然是处理危机、解决问题的有效途径。现在公司里缺少的正是像珍纳这样高度负责的人，其实老板最赏识的也正是这样的员工。承担起责任来吧，永远不要说你不知道。

别以为小错就不是错

承认错误、勇担责任应从小错开始。假如你总是无视小错，而不去关注它、改正它，那么，失败和低水平表现就会变成理所当然的事。

关注小错误是每一个成功者必备的素质。如果你仔细观察就会发现，成功者从来不会因为错误小就放过错误，一律都是认真对待。

现实工作中，有很多年轻人常常好高骛远，不愿意踏踏实实地工作，特别是工作中出现一些小问题、小错误，从不愿深究，听之任之。他们的论点是：假如我所犯的错误性质十分严重，该由我承担责任，我一定会承认也愿意承担所有的责任；但如果是芝麻大的一点小错，再去那么认真地计较，难免有点小题大做，根本没有这个必要。其实如果你要是这样看待错误，那就大错特错了。

要知道工作中无小事，更无小错，1%的错误往往会带来100%的失败。

在一次登月行动中，美国的飞船已经到达月球但却无法着陆，最终以失败告终。事后，科学家们在查找原因时发现，

原来是一节价值仅30美元的电池出了点问题。起飞前，工程人员在做检查时只重点检查了“关键部位”而把它给忽略了。结果，一节30美元的电池却让几十亿美元的投资和科学家们的全部心血都付诸东流，这难道只是小错误吗？

差之毫厘，谬之千里，任何一个小小的错误都有可能引起严重的甚至致命的后果，造成不可挽回的损失。

史蒂芬是位20多岁的美国小伙子，几年前他在一家裁缝店学成出师后便来到得克萨斯州的一个城市开了一家自己的裁缝店。由于他做活认真，并且价格又便宜，很快就声名远扬，许多人慕名而来找他做衣服。有一天，风姿绰约的哈里斯太太让史蒂芬为她做一套晚礼服，然而等史蒂芬做完的时候，却发现袖子比哈里斯太太要求的长了半寸。但哈里斯太太马上就要来取这套晚礼服了，史蒂芬已经来不及修改衣服了。

哈里斯太太来到史蒂芬的店中，她穿上了晚礼服在镜子前照来照去，同时不住地称赞史蒂芬的手艺，于是她按说好的价格付钱给史蒂芬。没想到史蒂芬竟坚决拒绝。哈里斯太太非常纳闷。史蒂芬解释说：“太太，我不能收您的钱。因为我把晚礼服的袖子做长了半寸。为此我很抱歉。如果您能再给我一点时间，我非常愿意把它修改到您需求的尺寸。”

听了史蒂芬的话后，哈里斯太太一再表示她对晚礼服很满意，她不介意那半寸。但不管哈里斯太太怎么说，史蒂芬无论如何也不肯收她的钱，最后哈里斯太太只好让步。

在去参加晚会的路上，哈里斯太太对丈夫说：“史蒂芬以后一定会出名的，他勇于承认错误、承担责任以及一丝不苟的

工作态度让我震惊。”

哈里斯太太的话一点也没错。后来，史蒂芬果然成了一位世界闻名的服装设计大师。

所以说，大错是错，小错也是错。如果觉得小错无关紧要，不去及时地加以改正，却要等小错变成大错时，那么就已经悔之晚矣了。有小错的时候，我们应该早发现，早承认，早改正，只有这样，我们才能在成功的路上稳步前进。

要以成败论英雄

市场竞争是残酷的，商场如战场。如果你失败了，哪怕你以前付出再多，那都没有任何意义，只有成功了，你才会有鲜花和掌声，你才是英雄。

在商业社会里，企业的生存是以赢利为目的的，所以谁能够给公司带来最大的利润，谁就是公司的英雄。所以我今天要说的是："要以成败论英雄！"

沃尔玛是世界上最大的零售品销售商，但在中国甚至亚洲市场上，他们的风头却完全被法国的家乐福盖过了。这是因为家乐福在亚洲市场上采取了不同的经营策略。而沃尔玛则还是坚持在欧美时常用的经营策略，采用统一模式。所以家乐福已经融入了亚洲各地的文化之中；而沃尔玛则坚持自己的固有模式，用经营欧美市场的思维方式去开拓亚洲市场。所以在亚洲，沃尔玛成了失败者，而家乐福却是英雄。

人们常说，"生活就是一场没有硝烟的战争"。与其说我们生活在一个生机勃勃的时代，不如说我们处在一个生存的时代、淘汰的时代。在淘汰中求生存，在竞争中求发展，无论对个人还是对企业团队来说，都是如此。

虽然淘汰充满残酷和无情，但我们却不能否认，正是残酷的淘汰促进了社会的进步。任何一个企业，要保持活力，要保证不落后，就必须不停地淘汰不适合自身发展的各种落后因素：落后的管理理念、落后的经营政策、落后的产品、落后的服务、落后的用人体制以及不适合的员工。只有不断地淘汰落后的、不适合的，才能持续保持先进的、适合的，才能生存下去，才能不断地发展。

日本一家著名家电企业曾扬言：只要韩国家电市场一对外放开，用不了半年时间，就会让韩国家电企业全部倒闭。由于意识到竞争的压力，韩国家电企业纷纷走上了改革创新之路，淘汰落后的观念，淘汰落后的产品。正是由于他们的这种自我淘汰的意识和行为，若干年以后，他们非但没有全部倒闭，反而在国际市场上对日本家电企业构成了越来越大的威胁。

在辽阔的草原上，每天当第一缕阳光出现，狮子和羚羊就开始进行赛跑，狮子发誓要追上羚羊，因为追上羚羊，它就可以把它们当作自己的食物。而羚羊一定要跑得比狮子快，否则就会成为狮子的美餐。羚羊之间也在进行着残酷的竞争，跑得最慢的羚羊成了狮子的食物，而其他羚羊就会暂时幸免于难。这就是动物界之间的残酷竞争。

有道是："光有疲劳和苦劳，没有功劳也白劳。"没有成功，没有胜出，你只能称其为在运动，在消耗体能，而只有取得了成功你才是英雄。

同样，在商业社会里，无论你曾经下了多大功夫，做了多少努力，花费了多少心血，只要你在某一个环节上出了差错，你就要为此付出代价，倘若是在关键环节上出现闪失，则会功亏一篑，横遭致命的一击！

2004年6月，杰克·韦尔奇在中国企业领袖高峰论坛上，被一位企业高层管理者问及：“您在任CEO时，与美国思科、微软、戴尔等公司CEO们相比有何不同？”韦尔奇先生有一段精彩的回答：“找不到很特定的差异点，你提到的这些公司都是希望在市场上胜出的，而且他们都获得了巨大成功，他们每个CEO都希望他们的员工胜出，所有的员工从某种意义上来说也取得很大的成功。尽管我们每一位CEO都有不同的风格、不同的方法和不同的手段，但大家的目标是一致的，就是要胜利，所以最好的事情就是胜利！”

职场犹如战场，在与狼共舞、与虎相争的市场经济大潮中，公司作为竞争的实体，它的存在就是为了最大化地获取利润，就是为了基业长青。不管你在企业竞争过程中有过多么出色的表现，出过多么大的力气，只有在竞争中打败了对手，取得最大、最终的胜利，企业才是英雄，你也才是英雄，才是企业最终的功臣。

记住，这就是你的工作

记住，这是你的工作!

既然你选择了这个职业，选择了这个岗位，就必须接受它的全部，而不是仅仅只享受它给你带来的益处和快乐。就算是屈辱和责骂，那也是这个工作的一部分。如果说一个清洁工人不能忍受垃圾的气味，他能成为一个合格的清洁工吗？因为既然你选择了这个职业，选择了这个岗位，就必须接受它的全部，而不是只享受它带给你的益处和快乐。就算是屈辱和责骂，只要是工作的一部分，你也得接受。

其实每个人一生下来都会有一份责任，而在不同时期责任却不一样，在家里你要对家人负责，工作中你就要对工作负责。

也正因为存在这样、那样的责任，我们才会对自己的行为有所约束。遇到问题便找寻各种借口将本应由你承担的责任转嫁给社会或他人，那是极为不负责任的表现。更为糟糕的是，一旦养成这样的习惯，那你的责任心将会随之烟消云散，而一个没有责任心的人，是很难取得成功的。

其实，负责任也是相对应的，特别是工作中，如果你对你的工作不负责任，那最终也就是对你的薪水和前途不负责任。

可以说工作中并没有绝对无法完成的事情，只要你相信自己比别的员工更出色，你就一定能够承担起任何正常职业生涯中的责任。只要你不把借口摆在面前，就能做好一切，就完全能够做到对工作尽职尽责。

“记住，这是你的工作！”这是每位员工必须牢记的！

美国独立企业联盟主席杰克·法里斯年少时曾在父亲的加油站从事汽车清洗和打蜡工作，工作期间他曾碰到过一位难缠的老太太。每次当法里斯给她把车弄好时，她都要再仔细检查一遍，让法里斯重新打扫，直到清除每一点棉绒和灰尘，她才满意。

后来法里斯受不了了，便去跟他父亲说了这件事，而他的父亲告诫他说：“孩子，记住，这是你的工作！不管顾客说什么或做什么，你都要记住做好你的工作，并以应有的礼貌去对待顾客。”

查姆斯在担任国家收银机公司销售经理期间，该公司的财务发生了困难。这件事被驻外负责推销的销售人员知道了，工作热情大打折扣，销售量开始下滑。到后来，销售部门不得不召集全美各地的销售人员开一次大会。查姆斯亲自主持会议。

首先是由各位销售人员发言，似乎每个人都有一段最令人同情的悲惨故事要向大家倾诉：商业不景气，资金短缺，人们都希望等到总统大选揭晓以后再买东西等。

当第五个销售员开始列举使他无法完成销售配额的种种困难时，查姆斯再也坐不住了，他突然跳到了会议桌上，高举双手，要求大家肃静。然后他说：“停止，我命令大会停止十分

钟，让我把我的皮鞋擦亮。”

然后，他叫来坐在附近的一名黑人小工，让他把擦鞋工具箱拿来，并要求这位工友把他的皮鞋擦亮，而他就站在桌子上不动。

在场的销售员都惊呆了。人们开始窃窃私语，觉得查姆斯简直是疯了。

皮鞋擦亮以后，查姆斯站在桌子上开始了他的演讲。他说：“我希望你们每个人，好好看看这位小工友，他拥有在我们整个工厂和办公室内擦鞋的特权。他的前任是位白人小男孩，年纪比他大得多。尽管公司每周补助他5美元，而且工厂内有数千名员工都可以作为他的顾客，但他仍然无法从这个公司赚取足以维持他生活的费用。”

“而这位黑人小工友他不仅不需要公司补贴薪水，而且每周还可以存下一点钱来，可以说他和他的前任的工作环境完全相同，在同一家工厂内，工作的对象也完全一样。”

“现在我问诸位一个问题：那个白人小男孩拉不到更多的生意，是谁的错？是他的错还是顾客的错？”

那些推销员们不约而同地说：“当然是那个小男孩的错。”

“是的，确实如此，”查姆斯接着说，“现在我要告诉你们的是，你们现在推销的收银机和去年的完全相同，同样的地区、同样的对象以及同样的商业条件。但是，你们的销售业绩却大不如去年。这是谁的错？是你们的错还是顾客的错？”

同样又传来如雷般的回答：“当然，是我们的错。”

“我很高兴，你们能坦率承认自己的错误。”查姆斯继续说，“我现在要告诉你们，你们的错误就在于：你们听到了有关公司财务陷入危机的传说，这影响了你们的工作热情，因此你们就不像以前那般努力了。只要你们回到自己的销售地区，并保证在以后30天之内，每人卖出5台收银机，那么，本公司就不会再发生什么财务危机了。请记住你们的工作是什么，你们愿意这样去做吗？”

下边的人异口同声地回答：“愿意！”

后来他们果然办到了。那些被推销员们强调的种种借口：商业不景气，资金短缺，人们都希望等到总统大选揭晓后再买东西等，仿佛根本不存在似的，统统消失了。

工作中不要求自己尽职尽责的员工，永远算不上是个好员工。

假如说一名车床工人时常抱怨机器的轰鸣，那他还会成为优秀的技工吗？

记住，这是你的工作！

然而在企业中我们却常常见到这样的员工：他们总是想着过一天算一天，不断抱怨自己的环境，责任心可有可无，做事情能省力就省力，遇到困难时就强调这样或那样的借口。

可以说一名优秀的员工是不会在工作中找借口的，他会牢记自己的工作使命，努力把本职工作变成一种艺术，在工作中超越雇佣关系，怀着一颗感恩的心，肩负起团队的责任和使命。严格要求自己，勇敢地担负起属于自己的那份责任，全力以赴，做到最好。

绝对不能被淘汰

“绝对不能被淘汰”强调的是结果，“活着”才是硬道理！生存就是竞争，即使再努力、再敬业，输给了对手，只能被淘汰，在绝对竞争的环境中，最后的胜利者就是最好的适应者。我们必须适应竞争，适应工作，适应老板，适应自己。

中庸教会我们在注意事情一端的时候，不要忘记另一端的存在。千万不能越位，可是还得记着做事也得到位，不能为了怕越位而缩头缩脑，无所作为。该说的话，一定得说，而且说到位，把意思清清楚楚地表达出来，把握好轻重，把握好时机；该做的事，坚决去做，而且做到家，不折不扣地完成工作任务，不但出结果，还要出效果。

不能越位，与“多做事”并不冲突。多做事，当然要首先做好分内的事，除此之外，还要有发现工作的眼光，判断工作性质和工作难度的眼力，更要有主动去做的眼色。

多做事而不越位，第一要做那些所有人工作职责之外的事。越位的要害，不在于越出了自己的职权范围，关键在于侵犯了别人的领地。子路济民、沈万三犒军，问题不在于他们干了自己不该干的事，而在于他干了本该由皇帝去干的事。在所有人的职权之外，总有一些事情虽然落实不到人头，却必须有人去干。这些事虽然大部分是小事，却往往最能表现人的素质。比如，同事的一些需要帮忙的私事啦，遇到雨雪天气的交通啦，老板失误的补救啦，等等，视具体情况而定。把这些事情干砸了，最多落个能力不行；要是越俎代庖又干砸了（甚至即使干不砸），就会损害人际关系。像沈万三那样损害与皇上的“人际关系”，后果可就严重了。

多做事而不越位，第二要做那些对别人而言只是义务而不代表权力和位置的事情。有些事，虽然可能很繁重，你很想替人家分忧，可是这些事里头有权力在运作，或者代表着某种地位，又或者体现了某种身份，那就不能去做，做了就是越位。可是有些事情人家本身不愿意干，这些事又没有什么象征意义，又不涉及权力的纷争，那就不妨多帮忙。

到位而不越位，最最关键的，是千万不要在大庭广众之下替别人做事。“高调做事”的箴言是有限制的，在这种情况下就一定不能高调，否则你的动机就会被别人怀疑，你的形象就会受到损失，你做的事不是越位也可能被看成越位。要相信，只要你真心实意地帮助人，并且拿捏好分寸时机，大家迟早会知道的。

第三章 挑战不可能

不断为自己寻找挑战

在充满残酷竞争、危机感日益增强的职场江湖，不断为自己提出新的挑战，而不是被动接受挑战，也是捷足先登、立于不败之地的秘诀。

著名的“马蝇效应”源于这样一个典故：

1860年，林肯当选为美国总统。一天，有位叫作巴恩的大银行家到林肯的府邸拜访，正巧看见参议员萨蒙·蔡思从林肯的办公室走出来。于是，巴恩就对林肯说：“您最好不要将此人选入您的内阁。”

林肯奇怪地问：“为什么？”

巴恩说：“因为他是个自大成性的家伙，他甚至认为他要比您伟大得多！”

林肯笑了：“哦，除了他以外，您还知道有谁认为自己比我要伟大的？”

“不知道，”巴恩说，“不过，您为什么这样问？”

林肯回答：“因为我要把他们全都收入我的内阁。”

事实证明，这位银行家的话是有道理的，蔡思的确是个狂态十足、极其自大，而且嫉妒心极强的家伙。他狂热地追求最高领导权，他本想入主白宫，不料落败于林肯，只好退而求其次，想当国务卿。无奈，林肯却把这个职位交给了西华德，他只好坐第三把交椅——当了林肯政府的财政部长。为此，他怀恨在心，愤怒不已。不过这个家伙确实是个大能人，在财政预算和宏观调控方面很有一手。林肯一直非常器重他，并通过各种手段尽量避免与他产生冲突。

后来，目睹过蔡思的种种行径，并搜集了很多资料的《纽约时报》主编亨利·雷蒙特拜访林肯的时候，特地告诉他蔡思正在上蹿下跳，狂热地谋求总统职位。林肯以他那一贯的幽默对雷蒙特说道："亨利，你不是在农村长大的吗？那么你一定知道什么是马蝇了。有一次我和我的兄弟在肯塔基老家的一个农场犁玉米地，我吆马，他扶犁。偏偏那匹马很懒，老是磨洋工，但有一段时间它却在地里跑得飞快，我们差点跟不上它。到了地头，我才发现，有一只很大的马蝇叮在它身上，于是我就把马蝇打落了。我的兄弟问我为什么要打掉它。我告诉他，不忍心让马被咬。我的兄弟却告诉我：'就是因为有了那家伙，这匹马才跑得那么快。'"然后，林肯意味深长地对亨利·雷蒙特说："如果现在有一只叫'总统欲'的马蝇正叮着蔡思先生，那么只要它能使蔡思的那个部门不停地跑，我就不想去打落它。"

没有马蝇叮咬，马慢慢腾腾，走走停停；有马蝇叮咬，马不敢怠慢，跑得飞快。这就是著名的马蝇效应。

慢马变为快马的秘密在于马蝇的叮咬。那么作为身处职场的一名员工，要想成就一番事业、证明自身的价值，或者功利

点讲，想获得物质上的财富，需要什么来叮咬呢？

答案就是取胜的欲望。成功学大师卡耐基说过一句话：“要做成事的方法，是激起竞争，不是钩心斗角的竞争，而是取胜的欲望。”取胜的欲望就是叮在我们身上的一只马蝇，它促使我们在困难面前永不妥协，在强大的对手面前永不低头，多一点取胜的欲望，就一定会多一点成功的动力和机会。

说到这里，可能会有人问了，如何才能激起内心的取胜欲望呢？

答案就是保持强烈的进取心，不断挑战，绝不安于平庸。这是那些优秀的、出类拔萃的员工们最喜爱的竞技，是一个自我表现的绝好机会，是激起内心求胜欲望的最好方法。

有进取心、不断挑战自我，从根本上说是为了自身的不断进步。而这种挑战的过程又是重塑自我的过程。这好比跳高运动员，不断挑战就是要把有待越过的横杆升高一格或几格，没有最好，只有更好；又好比足球运动中的优秀前锋，永远把下一个进球当作最好的。或许他们的这种挑战，所带来的超越，只是多了一点儿，并不那么明显和突出，但正因为多了这一点儿，他们才能保持内心的那种取胜欲望，不断走在前进的路上。

需要注意的是，在给自己寻找挑战时，不能好高骛远、不切实际，也不要认为挑战的对象一定是什么宏大的目标，工作中，多克服一点小的坏习惯，多纠正一点小的工作缺陷等都可以成为挑战的对象。

当你面对一份有挑战性的工作任务时，首先就得为自己灌

输信心。然后再了解为什么这项工作有着那么多的不可能。看看自己的实力，衡量一下自己是否确实有能力完成它。如果你的实力不够的话，想想办法能不能把它给补足。因为对于挑战来说，结局无外乎两个：成功或是失败。能否顺利完成，就得看你自己的了。

换句话说，要是对自己的实力估计有偏差，对自己判断有误，无法将任务完成的话，你也不要失望和沮丧。真正聪明而有头脑的上司不会把眼光仅仅局限在你是否完成了任务上，他会在你完成任务的过程中观察你的态度和工作思路，再判断你的能力。你仍然会受到你老板的喜爱，因为至少你敢于向困难挑战，敢于去尝试别人所畏惧的工作。

作为公司职员，也要像西点军校的学员那样，从根本上克服无知的障碍，打破不可能的常规，要有充分的自信心。只要有了这些，你就能拥有百倍于平时的能力和智慧。机会就在你手中，关键在于你怎么去把握。没有公司愿意要那些意志力薄弱的职员，他们遇到一点挫折就会失去信心和智慧，这样的弱者，是不会被考虑的。那么你准备当一个什么样的人呢？

一个保险公司的员工叫亚当。他一直盼望自己成为公司最棒的推销员。可是他现在面临一个非常困难的工作任务：他在威斯康星州的一个街区没有任何一份订单。他对此很不满意，但是并没有因此而感到气馁而退缩。第二天，亚当又回到了那个街区，重新拜访那些顾客，说服他们每一个人，向他们推销保险。结果令他欢欣鼓舞，不但说服了每一个人，还新增加了66份保险单。这可是一个不同寻常的成绩，如果不是亚当在风雪中艰难地走街串巷，哪会有这来之不易的结果？要是亚当没有这种敢于向困难挑战的精神和勇气，结局就可能是被公司开除。

向高难度工作挑战

不敢向高难度的工作挑战，是对自己潜能的画地为牢，只能使自己无限的潜能化为有限的成就。与此同时，无知的认识会使你的天赋减弱，因为懦夫一样的所作所为，不配拥有这样的能力。

有一位银行家，在51岁的时候，财富高达几百万美元，而到52岁的时候，他失去了所有的财富，而且背上了一大堆债务。面临巨大打击，他没有颓废地就此倒下，而是决定要东山再起。不久，他又积累了巨额的财富。当他还清最后300个债务人的欠款后，这位银行家实现了他的承诺。有人问他，第二笔财富是怎样积累起来的。他回答说："这很简单，因为我从来没有改变从父母身上继承下来的个性，就是积极乐观。从我早期谋生开始，我就认为要以充满希望的一面来看待万事万物，而不要在阴影的笼罩下生活。我总是有理由让自己相信，实际的情况比一般人设想和尖刻批评的情况要好得多。我相信，我们的社会到处都是财富，只要去工作就一定会发现财富、获得财富。这就是我成功的秘密。记住：总要看到事物阳光灿烂的一面。我们要学会在困境中保持最甜美的微笑。"

当有一份很难的工作等着你去做的时候，你需要做的不是逃避，把自己的潜力隐藏起来，那你将很难会有进步，而只能成为下一个退缩不前的懦夫。

西点学员的脑子里没有“这件事是不可能的”这个观念，世界上是没有不可能完成的任务的。在学习和训练中得到不断的挑战是他们每个人最大的乐趣。巴顿将军就是西点人不畏艰难、充满勇气和力量的最好例子。

巴顿将军在西点军校学习期间曾经用自己的身体做电击的实验。在一次物理课上，教授向同学们展示一个直径为12英寸长、放射火花的感应圈。有人提问：电击是否会致人死亡？教授请提问者进行实验，但这个学生胆怯了，拒绝进行实验。课后，巴顿请求教授允许他进行实验。他知道教授对这种危险的电击毫无把握，但巴顿认为这恰是考验自己胆量的良机。教授稍微迟疑后同意了他的请求。电击试验开始了，带着火花的感应圈在巴顿的胳膊上绕了几圈，他挺住了。当时他并不觉得怎么疼痛，只感到一种强烈的震撼。但此后的几天，他的胳膊一直是硬邦邦的，挥动都很困难，可是他觉得值得，因为这证明了自己的勇气和胆量。

“我一直认为自己是个胆小鬼，”他写信对父亲讲，“但现在我开始改变了这一看法。”

可以从这里看出，西点毕业生之所以如此成功，很大程度上取决于他们敢于挑战不可能完成的任务。正是这一点，成了他们获得成功的基础，西点的学员们才会在各行各业脱颖而出。

许多历经挫败而最终成功的人，感受“熬不下去”的时候比正常人都要多。但是，他们总能树立“成功就在下一次”的信念，并坚持到底。

不要抱怨播种不发芽，只要你精心呵护，总会有收获的一天。

人和竹子一样，往往也是“一节一节成长”的。你最想放弃的时候，恰恰是你最不能放弃的时候！

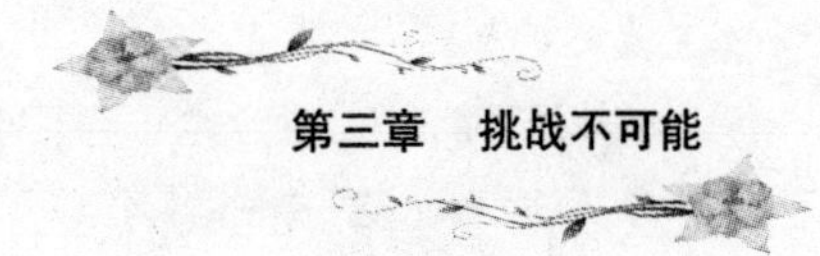

大胆地去进攻

西点毕业生、四星上将乔治·巴顿说：“攻击你的目标，永远不要撤退，至少要下定决心不撤退。因为战争只有三个原则：大胆！大胆！大胆！”

巴顿作战有一条座右铭，那就是“攻击，攻击，再攻击！”在布列塔尼战役中，他的这种领导方式得到了充分的展现。在这场战役中，身为集团军司令的巴顿，命令第八军冒着两翼和后方暴露挨打的危险，向二英里外德军防守的布雷斯特港进攻。这使得那些参谋们顿生疑虑，认为这是铤而走险的做法，能够获胜的概率几乎为零。但是巴顿却认为，只要存在一线可能，就要果断地进攻。而结果显示，正是巴顿的这一看似冒险的决策，使整个战局发生了根本性的变化，巴顿最终取得了胜利。

年轻人就应该有巴顿这种果断的进攻精神，在你的脑子里，不应该存在“不可能”的想法。其实，真正的敌人永远是自己，战胜困难远比打败自己容易得多。当你在心里就告诉自己“能行”的时候，你就可以唤醒内心的潜能，进而获得成功。

很多人向巴顿求取成功之道，他说："如果我能最终成功，肯定是因为我有一个大胆的梦想，并且会用全部的精力去追求！"卡耐基曾说："不必怕什么，只要你向前走，你就能发现自己，找到成功！"一个积极向上的人，是敢于大胆进攻的人，他不会受被动局面的限制，更不会停留在已有的条件或成绩上等待，他总是不停地开拓进取。

剑桥大学的教授曾经做了一个这样的试验来教育学生：实验对象是三只老鼠，学生分成了三组进行实验。

教授对第一组学生说："你们很幸运，将和天才老鼠同在一起。这只老鼠反应敏捷，它会很快到达迷宫的终点，并且吃许多干酪，你们要在终点多准备一些给它。"

教授对第二组学生说："你们的这只老鼠嗅觉和反应能力都很普通。它有希望到达终点。"

教授对第三组学生说："这是一只很愚蠢的老鼠。它能找到迷宫终点的可能性非常小，我看你们不必在终点准备干酪了。"

实验开始了。天才老鼠在很短的时间内就到达了迷宫的终点。普通老鼠虽然也到达了终点，但是第二组学生并没有像第一组一样记下它的速度和到达过程。那只所谓的愚蠢的老鼠，最终也没有到达终点。

最后，教授告诉学生，这些老鼠都是同一窝中的普通者，反应水平是一样的。

只是因为三组同学的态度不同而导致了不同的结果。可以试想，如果一个球员肯定自己的实力，相信自己有良好的球

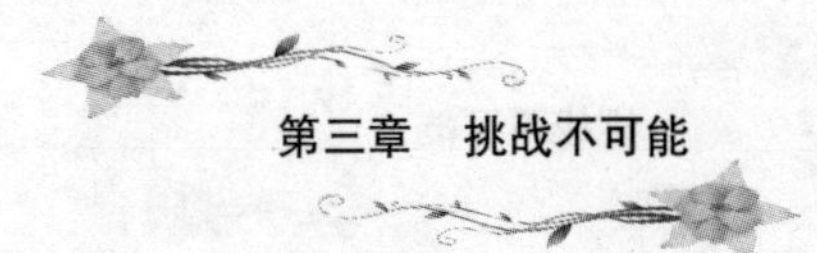

技、充分的练习和准备，那么他赢球的可能性就会大于赛前就认定自己技不如人的球员。

具有必胜的信心，就不会轻易被困难吓倒，“没有什么不可能”的精神状态是赢得竞争的关键因素。

正如一位西点人所说：“只要你想，那你就一定能。”西点不需要那些“不可能”或是“我办不到”之类的话，他们要求学员把这些不可能的借口永远丢掉，他们把“不可能”视为傻瓜才用的词！

也许你的老板可以控制你的工资，可是他却无法遮住你的眼睛，捂上你的耳朵，阻止你去思考、去学习。换句话说，他无法阻止你为将来所做的努力，也无法剥夺你因此而得到的回报。

许多员工总是在为自己的懒惰和无知寻找理由。有的说老板对他的能力和成果视而不见，有的会说老板太吝啬，付出再多也得不到相应的回报……很少有人一开始就能发挥全部潜能，就可以出色地完成每一项任务，同时，也很少有人一开始就能拿到很高的工资。因此，当你在付出自己的努力时，一定要学会耐心等待，等待他人的信任和赏识，你才能得到重用，才能向更高的目标前进。

如果在工作中受到挫折，如果你认为自己的工资太低，如果你发现一个没有你能干的人成为你的上司，也不要气馁，因为谁都抢不走你拥有的无形资产——你的技能、你的经验、你的决心和信心，而这一切最终都会给你回报。

不要对自己说：“既然老板给得少，我就干得少，没必

要费心地去完成每一个任务。”也不要因为自己挣的钱少，就安慰自己说：“算了，我技不如人，能拿到这些工资也知足了。”消极的思想会让你看不见自己的潜力，会让你失去前进的动力和信心，会让你放弃很多宝贵的机会，使你与成功失之交臂。

也许我们无法命令老板做什么，但是我们却可以让自己按照最佳的方式行事；也许老板不是很有风度，但是我们应该要求自己做事要有原则。你不应该因为老板的缺点而不努力工作，而埋没了自己的才华，毁了自己的未来。总之，不论你的老板有多吝啬多苛刻，你都不能以此为由放弃努力。

试比较两个具有相同背景的年轻人。一个热情主动、积极进取，对自己的工作总是精益求精，总是为公司的利益着想；而另一个总喜欢投机取巧，总嫌自己的薪水太低，总把自己的利益放在第一位。如果你是老板，你会雇佣谁，或者说你会给谁更多的发展和晋升的机会呢？

世界上大多数人都在为薪水而工作，如果你能不只为薪水而工作，你就超越了芸芸众生，也就迈出了成功的第一步。

众所周知，西点的训练是是非常苛刻的，只有50%~70%的西点学员能够顺利毕业，但正是这样严格的要求才磨炼塑造了西点学员坚持不懈、永不放弃的品格，也增强了他们将来成功的可能性。

一部纪录片中有一段这样的情节：在一片水洼中，一只面目狰狞的水鸟正在吞噬一只青蛙。青蛙的头部和大半个身体都被水鸟吞进了嘴里，只剩下一双无力乱蹬的腿，可是出人意料

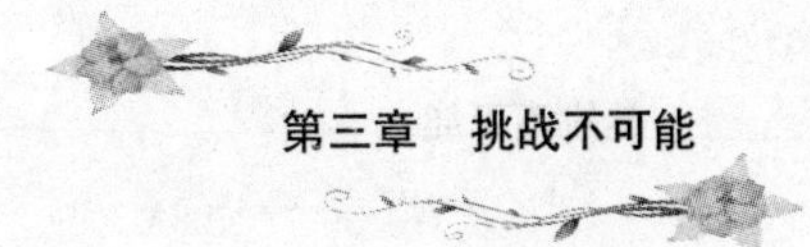

的是青蛙却将前爪从水鸟的嘴里挣脱出来，猛然间死死地攥住水鸟的细长的脖子。

这部纪录片就是在讲述这样的道理：无论在什么时候，都不能放弃！即使面临死亡的威胁，都不能放弃。情绪上的懈怠和泄气只会将你自己逼入绝境。任何时候都要心存希望，不论时间有多晚，成功都有可能在你努力之后出现。而你一旦放弃或是畏惧，那么就连一点点胜利的机会都不会有了。

发生在1914年12月的那场大火，几乎把托马斯·爱迪生的实验室摧毁，虽然损失超过200万美元，但因为那座建筑是混凝土结构，原本以为是可以预防火灾的，所以只投保了238000美元的火险，爱迪生一生大半的研究成果都在这次火灾中付之一炬。此时，他已经不再是年轻的小伙子，而已是67岁的老人了。

很多人推测这位发明巨人可能会因此而倒下，可令人们惊奇的是，在一个月的时间里，一座新的更大的实验室又被他重新建立起来。只有坚持永不言弃的信念，才能取得最终成功，这可以说是一个不变的真理，并一直在不断地得到验证。

所以说，无论别人觉得你如何愚笨，无论你失败了多少次，只要你选择坚强，选择坚韧，选择不放弃，那么即使再失败一千次，你还可以第一千零一次爬起来，再一次扑向成功的怀抱。

林肯年轻的时候就下定决心要成为有影响力的公众人物，并且和他的朋友讨论他的计划。他告诉好朋友格瑞尼说：“我和伟大的人物交谈过，我并不认为他们与其他人有什么区

别。”

为了坚持演讲练习，他经常要走上七八里路去参加辩论俱乐部的活动。他把这种训练叫作“实践辩论术。”

他找到校长蒙特·格雷厄姆，向他请教有关学习语法的建议。

格雷厄姆先生说：“如果你想要站在公众面前的话，你应当学习语法。”

林肯听从格雷厄姆校长建议，前往六英里外的地方，借回不少柯克汉姆语法书。林肯从那时候起一连几个星期，把所有的时间都用来掌握这本书的内容。当他碰到疑难问题时，就向格雷厄姆先生请教。

林肯的学习热情如此浓厚，引起了所有邻居的关注。格瑞尼借书给他看，校长记住了他，尽自己所能来帮助他，村里的制桶工人也允许他到店里拿走一些刨花，晚上看书时用来点火照明。不久之后，林肯就熟练地掌握了英语语法。

林肯说：“我想学习所有那些被人们称为科学的新东西。”在这个过程中，林肯还发现另一件事——通过坚持不谢的努力，他能征服所有的目标。

只要拥有坚韧的品格，坚持不懈地努力，一个人就能征服所有的可能，达到自己的目标。这世界上没有别的东西可以替代坚韧的意志。在刚强坚毅者的眼里，没有所谓的滑铁卢；对于志在成大事者而言，不论面对怎样的困境、多大的打击，他都不会放弃最后的努力，因为胜利往往产生于再坚持一下的努力之中。

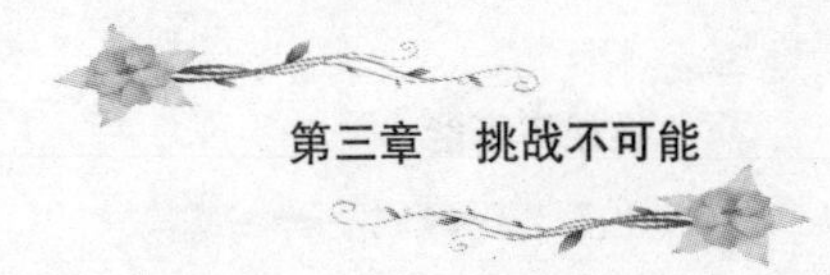

主动出击才能抢占先机

主动是什么？主动就是不用别人告诉你，你就可以出色地完成工作。一个优秀的员工应该是一个自动自发地工作的人，而一个优秀的管理者则更应该努力培养员工的主动性。

主动地去做好一切吧！千万不要等到你的老板来催促你的时候。不要做一个墨守成规的员工，不要害怕犯错，勇敢一点吧！老板没让你做的事你也一样可以发挥自己的能力，成功地完成任务。

当托尼以财务部职员身份进入摩托罗拉德国分公司时，他在移动通信领域毫无工作经验，但他拥有出类拔萃的品质，他工作积极主动，待人真诚，经常义不容辞地帮助同事，而不仅仅是签签支票、记记账而已。他刚来公司的时候，公司人员流失严重，他提出了一个特殊的计划，最大限度地利用现有的人力资源，这个计划非常奏效。他对整个公司都充满责任感，而不仅仅只是关心自己的部门。他为生产部做了一份详尽的资金预算，说明投资3000美元购买新机器将得到如何的回报。

公司的业务一度陷入低谷，他找到业务经理，说："我对业务不熟悉，但是我想试着帮个忙。"他确实做到了，他提出许多构想，帮公司完成了几笔大业务。每位新雇员加入后，他都会帮助熟悉环境、建立信心。他对整个公司的运作兴趣盎

然。

“不要误会托尼是专门在我面前表现自己。他纯粹是把公司的事业当成了自己的事业。”公司的总经理这样评价他，并且对其不断提拔。当三年后总经理退休时，托尼理所当然地成了他的接班人。

托尼踏上了通往舒适生活的高速公路上，他掌握了成功的基本原则：一个人目前拥有多少并不重要，重要的是，他打算获得多少，并且是否积极主动地为之努力。

我们都可以从他身上学到一些经验，一个人不要局限于自己的工作，只要你能尽力，你就可以多为公司内其他的部分工作贡献自己的一分力量，因为自己在这个过程中也可以得到成长。托尼从始至终就没有把自己仅仅当成一名普通会计，而是把自己当成公司的一员，正是这种思想，让他有了积极主动的工作态度。

在职场中，一个人只要具备了积极主动、永争第一的品质，不管做的是多么枯燥的工作，都有成为优秀员工的希望。如果你在服从上司指令的基础上，再做好自我管理和自我激励，这样，你就更有机会成为优秀员工了。

我钦佩的是那些不论老板是否在办公室都会努力工作的人，这种人永远不会被解雇，也永远不必为了加薪而罢工。

如果只在别人注意你的时候才有好的表现，你将永远不能达到成功的巅峰。你应该为自己设定最严格的标准，而不应该由他人来要求你。

如果老板对你的期许还没有你对自己的期许高的话，你永远也不可能被辞职，反而，这只会使你离晋升的日子越来越近。

成功是一种努力的积累，那些一夜成名的人，其实，在他们获得成功之前，已经默默地奋斗了很长时间。任何人，要想获取成功都要长时间的努力和奋斗。

要想获得最高的成就，你必须永远保持主动率先的精神，哪怕你面对的是多么令你感到无趣的工作，这么做才能让你获取最高的成就。自动自发地工作吧！这样一种工作习惯可以使你成为领导者和老板。那些成功的人，正是由于他们用行动证明了自己敢于承担责任而让人百倍信赖。

那些成大事者和平庸者之间最大的区别就在于，成大事者总是自动自发地去工作，而且愿意为自己所做的一切承担责任。要想获得成功，你就必须敢于对自己的行为负责，没有人会给你成功的动力，同样也没有人可以阻挠你实现成功的愿望。

工作需要全身心投入

每一件事情对人生都具有十分深刻的意义。你是砖石工或泥瓦匠吗？可曾在砖块和砂浆之中看出诗意？你是图书管理员吗？经过辛勤劳动，在整理书籍的缝隙，是否感觉到自己已经取得了一些进步？你是学校的老师吗？是否对按部就班的教学工作感到厌倦？也许一见到自己的学生，你就变得非常有耐心，所有的烦恼都抛到九霄云外了。

如果只从他人的眼光看待我们的工作，或者仅用世俗的标准来衡量我们的工作，工作或许是毫无生气、单调乏味的，仿佛没有任何意义，没有任何吸引力和价值可言。这就好比我们从外面观察一个大教堂的窗户。大教堂的窗户布满了灰尘，非常灰暗，光华已逝，只剩下单调和破败的感觉。但是，一旦我们跨过门槛，走进教堂，立刻可以看见绚烂的色彩、清晰的线条。阳光穿过窗户在奔腾跳跃，形成了一幅幅美丽的图画。

由此，我们可以得到这样的启示：人们看待问题的角度是有局限的，我们必须从内部去观察才能看到事物真正的本质。有些工作只从表象看也许索然无味，只有深入其中，才可能认识到其意义所在。因此，无论幸运与否，每个人都必须从工作本身去理解才能保持个性的独立。

东芝公司不仅生产具有竞争力和吸引力的产品，在营销方面也花费大量心思，因此才能拥有蓬勃发展的成功事业。

对于企业来说，老板是一个特殊人物，老板的行为往往对员工起表率作用。松下幸之助认为，要提高商业效益，首先老板就要以身作则，起好带头作用。让部下从刚一开始参加工作，就培养敬业的好习惯。

日本企业家土光敏夫认为，老板以身作则的管理制度不仅能为企业带来巨大的经济效益，而且还是企业培养敬业精神的最佳途径。

日本东芝电器公司是当今世界上屈指可数的名牌公司之一。但是，二十多年前，东芝电器公司因经营方针出现重大失误，负债累累，濒临倒闭。在这个生死关头，东芝公司把目光盯在了日本石川岛造船厂总经理土光敏夫的身上，希冀能借助土光敏夫的“神力”，力挽狂澜，把公司带出死亡的港湾，扬帆远航。

土光敏夫在领导管理方面具有大将风范。早在“二战”结束时，负债累累、濒于破产的石川岛造船厂毅然挑选了土光敏夫出任总经理。土光敏夫分析了国内外形势，得出了一个结论：困难是暂时的，经济复苏必然会来临，而经济复苏离不开石油，运输石油又离不开油轮，油轮越大则越“经济”。为此，土光敏夫果断决策：组织全体技术人员攻关，建造20万吨巨型油轮。由于从来没建造过这样大的油轮，全厂员工信心不足。土光敏夫不断地与各级管理人员促膝交谈，鼓舞士气。为了集思广益，土光敏夫创办内部刊物《石川岛》，让全厂员工随意发表意见。土光敏夫还建立目标管理制度，把全体员工的利益、荣辱与造船厂的利益、荣辱紧紧联系在一起，终于造出了20万吨级油轮，使造船厂摆脱了困境。

土光敏夫从一开始就把造船质量放在第一位，1950年，一艘高速巨轮在驶出船坞时撞在了码头上，码头被撞坏，巨轮只有些轻微损伤，经检查后，一切正常。这件事传出后，世界各地的船商都看好石川岛的船，购买新船的订单接连不断，石川岛从此称雄世界，土光敏夫也从此载誉世界。

东芝公司担心的是：土光敏夫的事业如旭日东升，他会抛弃一个成功的事业而进入一个负债累累的企业出任“社长”吗？令东芝惊异的是，土光敏夫立即作出响应：“没问题！”

土光敏夫就任东芝电器公司董事长所“烧”的第一把“火”就是唤起东芝公司全体员工的士气。土光敏夫指出：东芝人才济济，历史悠久，困难是暂时的，曙光即在前面。土光敏夫说：“没有沉不了的船，也没有不会倒闭的企业，一切事在人为。”在唤起东芝公司全体员工的信心后，土光敏夫大力提倡毛遂自荐和实行公开招聘制，想方设法把每一个人的潜力都发挥出来。

有一次，土光敏夫听业务员反映，公司有一笔生意怎么也做不成，主要原因是买方的课长经常外出，多次登门拜访他都扑了空。土光敏夫听到这种情况，沉思了一会，然后说：“是吗？请不要泄气，待我上门试试。”

这名业务员听到董事长要亲自上门推销，不觉大吃一惊。

一是担心董事长不相信自己的真实反映；二是担心董事长亲自上门推销，万一又碰不到那位课长，岂不是太丢一家大公司董事长的脸。那位业务员越想越害怕，急忙劝说："董事长，您不必亲自为这些琐碎小事操心，我多跑几趟总会碰上那位课长的。"但土光敏夫并不考虑那么多，也不顾及什么面子问题，最重要的是能够做成生意就行。

第二天，他真的亲自来到那位课长的办公室。果然，也是未能见到那位课长。事实上，这是土光敏夫预料中的事，但他并没有马上告辞，而是坐在那里等候。等了老半天，那位课长才回来。当他看了土光敏夫的名片后忙不迭地说："对不起，对不起，让您久等了！""贵公司生意兴隆，我应该等候。"土光敏夫毫无不悦之色，相反微笑着说。那位课长明知自己企业的交易额不算多，只不过几十万日元，而堂堂的东芝公司董事长亲自上门进行洽谈，觉得赏光不少，于是很快就谈成了这笔交易。

最后这位课长热切地握着土光敏夫的手说："下次，本公司无论如何一定买东芝的产品，但唯一的条件是董事长不必亲自来。"随同土光敏夫前往洽谈的业务员，目睹此情此景，深受教育。

土光敏夫此举不仅做成了生意，而且以他坦诚的态度赢得了顾客。此外，他的这种耐心而巧妙的营销技术，对企业的广大员工是最好的教育和启迪。东芝公司在土光敏夫的带动下，营销活动十分活跃，公司的信誉大增，生意兴隆发达。

土光敏夫认为，以董事长之尊从事推销是理所当然的事，

不会因此有失身份。当然，管理者亲躬亲为，只是一种示范行为，并不是每笔交易都需要。

土光敏夫还大力提倡敬业精神，号召全体员工为公司无私奉献。土光敏夫的办公室有一条横幅：“每个瞬间，都要集中你的全部力量工作。”土光敏夫以此为座右铭，他每天第一个走进办公室，几十年如一日，从未请过假，从未迟到过，一直到八十高龄的时候还与老伴一起住在一间简朴的小木屋中。

土光敏夫有一句名言：“上级全力以赴地工作就是对下级的教育。职工三倍努力，领导就要十倍努力。”如今，日本东芝电器公司已经跻身于世界著名企业的行列，它与石川岛造船公司同被列入世界100家大企业之中。这与土光敏夫以身作则、身先士卒的管理制度是分不开的。

把一切做得更完美

做事一丝不苟，意味着对待小事和对待大事一样谨慎。生命中的许多小事中都蕴涵着令人不容忽视的道理，很少人能真正体会到。那种认为小事可以被忽略、置之不理的想法，正是我们做事不能善始善终的根源，它导致工作不完美，生活不快乐。

“不积跬步，无以至千里；不积小流，无以成江海。”生命中的大事皆由小事累积而成，没有小事的累积，也就成就不了大事。人们只有了解到了这一点，才会开始关注那些以往认为无关紧要的小事，培养做事一丝不苟的美德，成为颇具影响力的人。是否具备这项美德，足以让生命有天壤之别。

每一位老板都知道这项美德多么少见，找到愿意为工作尽心尽力、一丝不苟的员工，是多么困难的一件事。不良的作风在公司四处蔓延，而无论大事、小事都尽心尽力、善始善终的员工却是罕见。

尽管我们进行了多次社会改革，但思虑欠周、漫不经心、懒惰成性等习以为常的恶习依然泛滥成灾。在庞大的失业和无业队伍中，有相当多的人或多或少沾染上了这些毛病。他们如

果不能意识到自己的不足之处，并且努力加以改正的话，那么往往无法得到一份令人满意的工作。

“适者生存”的法则并不仅仅建立在残酷的优胜劣汰基础上，而是基于公平正义，是绝对公平原则的一部分。若非如此，社会美德如何能发扬光大？社会又如何能取得进步？那些思虑不周与懒惰的人同那些思虑缜密、勤奋的人相比，有天壤之别，根本无法并驾齐驱。

一位朋友告诉我，他的父亲告诫每个孩子：“无论未来从事何种工作，一定要全力以赴、一丝不苟。能做到这一点，就不会为自己的前途操心。世界上到处是散漫粗心的人，那些善始善终者始终是供不应求的。”

我认识许多老板，他们多年来费尽心机地寻找能够胜任工作的人。这些老板所从事的业务并不需要出众的技巧，而是需要谨慎、朝气蓬勃与负责地工作。他们聘请了一个又一个员工，却因为粗心、懒惰、能力不足、没有做好分内之事而频繁遭遇解雇。与此同时，社会上众多失业者却在抱怨现行的法律、社会福利和命运对自己的不公。

许多人无法培养一丝不苟的工作作风，原因在于贪图享受、好逸恶劳，背弃了将本职工作做得完美无缺的原则。

不久以前，我观察到一位努力恳求终获高薪要职的女性，她才上任短短几天，便开始高谈想去“愉快地旅行”。月底时，她便因玩忽职守而遭解雇。

正如两种事物无法在同一时间占据同一位置一样，被享受占据的头脑是无法专心求取工作的完美表现的。享乐应有适

当的地点与时间，在应该全身心工作的时候，心中就不应该想到享乐这回事。那些一面工作、一面对个人的享乐津津乐道的人，只会将工作搞砸。

超越平庸，选择完美。这应该成为每个人一生的追求，在我们人类的历史上，曾经因为疏忽、畏惧、敷衍、偷懒、轻率等造成数不清的悲剧。而这些悲剧是完全可以避免的。

几年前，在宾夕法尼亚的一个小镇上，因为筑堤没有按设计图纸去筑石基，结果导致堤决堤，全镇被水淹没，无数人被淹死。这种由于工作疏忽引起的悲剧，几乎在世界的每个角落都有发生。任何地方，都有人因为疏忽、敷衍、偷懒而犯下错误，如果这些人讲良心做事，不被那一点点困难吓倒，不但可以减少灾祸，更能培养一个人高尚的人格。

人一旦养成了敷衍了事的习惯，往往就会变得不诚实起来。这样的人，一定会轻视他的工作，进而轻视自己的人品。有人曾说："轻率和疏忽会让无数人的命运走向失败。"

的确，许多年轻人之所以失败，原因就是办事轻率。他们做任何事情都不会要求自己做得尽善尽美。

许多年轻人，似乎根本不知道职位的晋升是建立在忠实完成工作职责的基础上的。事实上，如果你不尽职尽责地完成你的工作，你在老板眼里是永远不会获得价值的提升的。

但与此相反的是，很多年轻人在求职时常这样问自己："做这样平凡的工作，会有什么发展前途呢？"但是，巨大的机会往往蕴藏在平凡而低微的职业中。

每当工作完成之后，你应该这样告诉自己："我热爱我的

工作，我已全力以赴地做了我的工作，我期待任何人对我进行批评。”一个人成功与否在于他是否做什么都力求做到最好。

成功者无论从事什么工作，他都绝对不会轻率疏忽。因此，在工作中你应该以最高的规格要求自己。能做到最好，就必须做到最好，能完成100%，就绝不只做99%。这种工作作风应该与你的工资毫无关系，因为，任何一个人都应该永远抱着热情与信心去工作。

只要你把工作做得比别人更快、更准确、更专注，结果更完美，就能引起他人的关注，实现你心中的愿望。

第四章 做工作的勇者

在工作中注入勇气

维特根斯坦说："勇气是通往天堂之途，懦弱往往叩开地狱之门。"懦弱是人性中勇敢品质的"腐蚀剂"，时时威胁着我们的心灵。只有在生命中注入勇气，才能帮助你斩断前进途中缠绕在腿脚上的蔓草和荆棘。

当你开始一天的工作时，你将如何面对这个世界呢？你是否带着人们思想中最重要的一种因素——勇气上路呢？

一个永不丧失勇气的人是永远不会被打败的。就像弥尔顿说的："即使土地丧失了，那有什么关系？即使所有的东西都丧失了，但不可被征服的志愿和勇气是永远不会屈服的。"

勇气这种滋补剂是世界上最好的精神药物。如果你以一种充满希望、充满自信的状态进行工作的话，如果你期待着自己的事业，并且你相信你能够成就一番伟业的话，如果你能展现出自己的勇气的话——任何事情都不能阻挡你向前进。你可能遇到的任何失败，都只是暂时性的，你必定会取得胜利。

伊尔文·本·库柏是美国最受人尊敬的法官之一，他成长的经历给了我们许多启示。

库柏在密苏里州圣约瑟夫城的一个贫民窟长大。他的父亲

是一个移民，以裁缝为生，收入微薄。为了给家里取暖，库柏常常提着一个煤桶，到附近的铁路边去拾煤块。库柏为自己必须这样做而感到困窘。他常常从后街进出，怕被放学的孩子们看见。

但是，那些孩子还是时常能看见他。特别是有一伙孩子，常埋伏在库柏从铁路边回家的路上袭击他。他们常把他的煤渣撒到街上，以此取乐。库柏回家时一直流着眼泪，他总是生活在或多或少的恐惧和自卑中。

有一件事发生了，这种事在我们打破失败的生活方式时总是会发生的。库柏因为读了一本书，内心受到了鼓舞，从而在生活中采取了积极的行动。这本书是荷拉修·阿尔杰著的《罗伯特的奋斗》。

在这本书里，库柏读到了一个像他一样的少年奋斗的故事。那个少年遭遇了巨大的不幸，但是他以勇气和道德的力量战胜了这些不幸，库柏也希望自己具有这种勇气和力量。

库柏读了他所能借到的每一本荷拉修的书。他读得很认真，每每都能进入主人公的角色。整个冬天他都坐在寒冷的厨房里阅读勇敢和成功的故事，不知不觉地汲取了很多知识。

在库柏读了第一本荷拉修的书之后的几个月，他又到铁路边去拾煤块。隔开一段距离，他看见三个人在一个房子的后面飞奔。他最初的想法是转身就跑，但很快他记起了他所钦佩的书中主人公的勇敢精神，于是他把煤桶握得更紧，一直大步向前走去，犹如荷拉修书中的一个英雄。

这是一场恶战。三个男孩一起冲向库柏。库柏丢开煤桶，

使劲挥动双臂，进行抵抗，使得三个恃强凌弱的孩子大吃一惊。库柏的右手猛击到一个孩子的鼻子上，左手打到了他胃部。这个孩子便停止打架，转身溜掉了，这也使库柏大吃一惊。同时，另外两个孩子正在对他拳打脚踢。库柏设法推走了一个孩子，把另一个打倒，用膝部猛击他，而且发疯似的连击他的胃部和下颚。现在只剩下一个孩子了，他是领袖。他突然袭击库柏的头部。库柏设法站稳，把他拖到一边。这两个孩子站着，相互凝视了一会儿。然后，这个领袖一点一点地向后退，也溜掉了。库柏拾起一块煤，投向那个退却者，表示他的愤怒。

直到那时库柏才知道他的鼻子在流血，他的周身由于受到拳打脚踢，已变得青一块紫一块了。但这是值得的啊！在库柏的一生中，这一天是一个重大的日子。因为他克服了恐惧。

库柏并不比一年前强壮，攻击他的人也并不是不如以前那样强壮。不同之处在于库柏的心态，他已经不再恐惧，能够面对危险了。他决定不再听任那些恃强凌弱者的摆布。从现在起，他要改变他的世界，他后来也的确是这样做的。

库柏给自己设定了一种身份。当他在街上痛打那三个恃强凌弱者的时候，他并不是作为受惊骇的、营养不良的库柏在战斗，而是作为荷拉修书中的人物罗伯特·卡佛代尔那样大胆而勇敢的英雄在战斗。

约翰·穆勒说：“除了恐惧本身之外，没有什么好害怕的。”“如果你是懦夫，那你就是自己最大的敌人；如果你是勇士，那你就是自己最好的朋友。”美国最伟大的推销员弗兰

克也如是说。

那么，什么是勇气呢？它是产生于人的意识深处的对自我力量的确信，是对我们的能力能压倒一切的信念，是相信自己可以面对一切紧急状况、处理一切障碍，并能控制任何局面的信心，是穿越重重险阻，历经磨难走向成功的意志。

“勇气是在偶然的机会中激发出来的。”莎士比亚说。除非你让自己时刻保持一种接受勇气的态度，否则，你不要指望自己的身上会时时刻刻体现出巨大的勇气。在就寝前的每个夜晚，在起床时的每个清晨，你都要对自己说：“我会做到的，我能行。”并以此作为自己坚定的信条，然后带着自信勇敢地前进，相信任何事情都不会拒绝你的。

“我曾经是个战斗者——进行了很多的战斗——成为最好的一个和最后的一个！”勃朗宁说。值得一读的人类历史更是充满了有关勇气、磨难、胆量、坚定和那些大多数人认为不可能克服的困难的故事。引领着这个世界的大多数领导者都曾经做过或者正在做着一些在常人看来不可能成功的事情。这就是他们会成为真正的领导者的原因。

你能够克服多少困难、多少侮辱、多少误解和多少诽谤呢？别人的反对意见是否让你退缩，或者只是使你更坚强，支撑起你的决心呢？你可以毫不退缩地坚持到什么程度呢？这就是衡量你所能达到的成功水平的考验。即使所有的人都反对你，你也可以继续战斗；即使你生活在最黑暗的日子里，你也可以让勇气的大旗继续迎风飘扬。没有任何敌人能够打败你。

勇气这一滋补剂也会来自潜意识里对自己的肯定。如果我

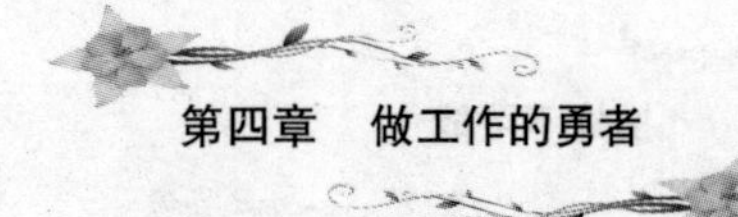

们能意识到自己是某个行业的专业人士，并且可以比周围的人更好地完成所担任的工作，那么我们就会极大地增强自己的勇气。

意识到我们自身存在着的巨大潜力，会大大地增加我们的勇气，就好像低人一等的感觉会加深我们的羞怯一样。满怀信心地去依靠这种带有神秘色彩的人类潜能，无疑会给我们带来自信，带来克服所有恐惧的信心。

充满勇气，你就能比你想象的做得更多更好。在勇于挑战困难的过程中，你就能使自己平淡的生活变成激动人心的探险经历，这种经历会不断地向你提出高标准，不断地奖赏你，也会不断地使你恢复活力和满怀创造力。

勇敢实践，成功自现

留有余地还是全力以赴？这是两种不同的处世态度，猛然看去似乎都有道理，事实上要分场合分事情。对于梦想，只需懂得这两句歌词就够了——“把握生命里的每一分钟，全力以赴我们心中的梦。不经历风雨，怎么见彩虹，没有人能随随便便成功……”

想到没做到，学到没用到，这就好比点了菜却没能吃到嘴里一样让人郁闷。

对一个人来说，过去和现在都不是最重要的，将来想获得什么成就才是最重要的，一旦有了人生目标，就要全力以赴地去努力，去实践，去实现。人生的乐趣就在这全力以赴的奋斗过程之中。

有一句俗话说：“粉笔墙上画牡丹，见者容易做者难。”意思是指那些没有经验者看到有经验者做起来很容易的事，一旦到了自己手里就不是那么回事了。这说明了经验的重要性。

那么，经验是从哪里来的呢？

经验从实践中来。

创意在你的头脑中的时候，它并没有实质性的难关，因为

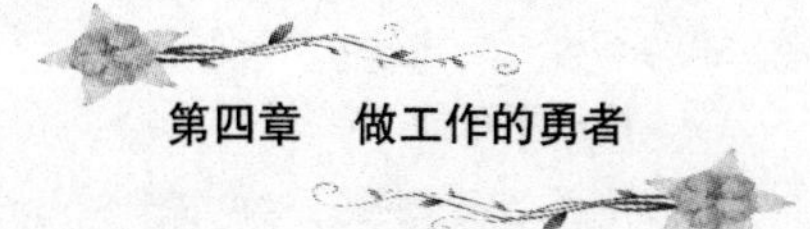

纸上谈兵往往是容易的。在具体操作的时候，意想不到的困难往往会出其不意地冒出来，这些困难很像一棵大树的枝干，有的直达树顶，那是成功的实践；而有的则在半路上冒了个枝杈出来，看起来似乎偏离了主题，但由此产生了一个旁枝，并且同样枝繁叶茂，这就是人们常说的“意外的收获”。当你将实践进行彻底以后，你就得到了一棵完整的大树。

如果你在困难面前望而却步，你就只能对着自己脑袋里的蓝图叹息了，叹息光阴流逝，叹息岁月无情，叹息自己一事无成。如果你选择了勇敢去坚持，把实践进行到底的话，那么你不但不会暗自叹息，还会有不少收获。

实践之所以是检验真理的唯一标准，是由真理的本性和实践的特点决定的。真理之所以成为真理，不是经口头上说了就成为真理，而是经过不断的实践过程中总结论证而得出的结论。要将你的理想拿到实践中来检验，才会看到它的价值，而实践除了带给你经验以外，还能教会你更多的东西，正所谓“踏破铁鞋无觅处，得来全不费工夫”。

从真理的本性看，真理是人们对客观事物及其规律的正确反映，是同客观实际相符合的主观认识。检验真理就是要判明主观认识是否同客观实际相符合、相一致。这只停留在主观认识范围内是无法解决的。只停留在客观实际范围内也不行，要检验真理就必须把主观认识与客观实际联系起来加以对照。从实践的特点看，实践是主观见之于客观的物质性活动，具有直接现实性，一方面，实践是人们有意识、有目的活动，实践活动中包含着主观因素。

当你要实现你的某个目标时，先把眼前的事做好，大事业在成功之前，无一例外不是首先解决好眼前的小事情。有时彻底解决了一个问题，可以引出意外的结果。

沃尔特·克莱斯勒先生买了一部新车，这部新车花了他一生的积蓄，当然，他认为这很值，因为他想要从事汽车制造，他买这部车是为了弄清楚汽车的构造与性能。于是，他把车拆开，再重新组合起来，耗费了他很多时间。他的举动让家人和朋友大为不解，认为他的心理一定出了问题。可是，克莱斯勒先生心中有明确的目标，他丝毫不理会那些怀疑的眼光和嘲笑，一心一意地坚持到底。最后，沃尔特·克莱斯勒先生终于在汽车行业赢得一席之地。

实践是亲身体会和研究的过程，一个军官没有实践经验，就是纸上谈兵；一个演员不去生活中体验角色，就很难把角色演绎得传神，甚至会闹出四不像的笑话。在达成人生目标的过程中，你只有两个选择，一个是奋力朝目标迈进，另一个是随波逐流，和自己的目标愈行愈远。想离目标越来越近就必须要去努力、去实践、去争取。

实践，不仅仅是用脚，也要用脑、用心。

不管你有多么美妙的理想和渴望，你又多么有能力，如果不赶快行动，凭实力说话，那么也不可能成功。

真正的成功者，是从实践行动中让人见识他的不同凡响，抓住机遇主动争取。如果只是充满遐想，没有具体行动，那么终将碌碌无为，平庸一生。

有勇有谋，赢得天下

谋略如舟，勇气如桨，协同合作方能一帆风顺。

勇的意思是有所必为。莽莽撞撞不谋而后行，轰轰烈烈不审时度势，为了天下第一的虚名而主动投怀送抱、空洒热血，匹夫也。谋的意思是有所不为。这是一个非常必要的习惯。

压力越来越大的人们，徒烦恼和徒伤悲于事无弥补，只会耗费生命，一错再错。如何更策略地、更有效地利用自己的智慧和胆识，才是我们当前需要去思考的问题，也是适应性生存的必要手段之一。

欲成就一番事业，非大智大勇之人不可。每一位成功者在关键的时刻，都会挺身而出，毫不退缩。相信自己已有的能力，自信面对突发性考验，冷静果断，方能徐徐前行。让我们看看曾任微软公司中国区总经理的吴士宏女士是怎样成功的，下面是她的自述：

我鼓足勇气，穿过那威严的转门，走进了世界最大的信息产业中IBM公司的北京办事处。面试像一面筛子，两轮的笔试和一次口述，我都顺利地滤过了稠密的网眼。最后主考官问我会不会打字，我条件反射地说：会！

“那么你一分钟能打多少？”

“您的要求是多少？”

主考官说了一个标准，我马上承诺说我可以。因为我环视四周，发觉考场里没有一台打字机，主考官说录取时再加试打字。

实际上我从未摸过打字机。面试结束后，我飞也似的跑去向朋友借了170元买了一台打字机，没日没夜地练了一个星期，双手疲乏得吃饭时连筷子都拿不住，但我却练出了专业打字员的水平。我就这样成了这家世界著名企业的一名普通员工……吴士宏现在成功了，可倘若没有她当初不服输的挑战精神和勇气，没有面试时候临场发挥的小小计谋，或许人们还不知道她是谁，她是干什么的，她也不可能成功。有勇无谋之人，只是莽夫；有谋无勇之人，终是懦夫。这两种人的任何一种都不可能获得成功。

西楚霸王在风云变幻的时代成就了一番霸业，却终究自刎于乌江之畔，留下一段凄美悲壮的历史供后人评说。即使是现在看来，后人对他失败的原因仍旧众说纷纭，说得最多的是说他仅有匹夫之勇，而无谋略。

我们应该怎样看待项羽的“勇”与“谋”呢？其实西楚霸王有勇的一面，但他的勇实在有太多儒家的仁义道德制约，使他只能成为一个“仁义”的霸主。儒家思想在项王的时代虽然没有取得独尊的地位，但是孔孟之道实际上影响是极其深远的，尤其是战国时期的长久战争给人们带来太多的痛苦，在许多人的意识里太渴望一个能够推行仁治的君主了，因而在项王

的意识里，其实也有这种类似的思想，使得他作为一代枭雄而言过于仁慈了，但是这是十分危险的。

因为古往今来，成大事的人大多“心狠手辣”“无毒不丈夫”，刘邦做到了这点。

项羽以烹刘邦的父亲来威胁刘邦的时候，也算有“谋”，但是就因为刘邦说我们约为兄弟，我的父亲就是你的父亲这句话，使项羽放弃这个想法。其实是因为项羽内心里有了这种孝的观念，他做不出弑“父”的行为。而刘邦真实利用了这一点，在这个问题上刘邦的“谋”更胜于项羽，所以说，有“谋”还必有贯彻的“勇”，谋略才能发挥作用。

我们不是教人都要学会诈，学会冷血，而是想告诉大家，有时候，成功需要的不是自己想得那么单纯，在特定的时期下有勇有谋之人还要有一颗承担得起的心才行。

欲赢得天下，得先有赢人之心。而欲有赢人之心者，又必是智勇双全之人。

勇敢是每个优秀员工必须具备的品质

在优秀员工看来，具有勇敢品质的员工在集体利益与个人利益相冲突时，能维护集体利益，表现出无私精神；在正义与邪恶相斗争时，能挺身而出，维护正义，表现出大无畏的气概；在他人遇到困难时，能见义勇为，乐于助人，表现出崇高的道德感情。他们的勇敢不同于鲁莽、粗暴、出风头，往往表现出机智、灵活、沉着、冷静，行为动作具有明确的目的性，并且雷厉风行，说干就干。

西点军校的许多学员都曾表示，在学习过程中的最大收获就是摆脱了懦弱获得了自信，自己变得比以前更勇敢了。

在西点，教官会经常为一些新学员的懦弱、墨守成规甚至自暴自弃而焦急苦恼。不思进取、成绩落后、缺乏创新、优柔寡断等特征是这些学员的表现。这与迅猛发展、竞争日益激烈的时代特征是不相吻合的。这些西点学员都缺乏“勇敢”这一良好个性品质，是其根本原因所在。在西点教官看来，缺乏勇敢品质的学员，在交往上，服从需要性强，孤僻拘谨，沉默寡言，往往屈从于别人的意志；活动上，不敢出头露面，积极参与，情绪低落，往往缩手缩脚；学习上，不敢奋力进取，力争

上游，往往消极应付，容易满足。时间一久，这些表现在各种情境下不断出现，并逐渐地得以固化，使相应的行为方式习惯化，就形成了懦弱、缺乏勇气，思维封闭的性格特征。一旦这种性格形成，必将影响学员的健康成长。因此，西点军校就对此现象非常重视，就把培养新学员的勇敢品质列为二十二条军规之一。

新学员初到西点军校，从一个未经世面的人，经过西点的培养，后来变成敢作敢为敢于成功的人，因为拥有勇气而产生的这一巨大转变，是与西点的教育密切相关的。在西点看来，勇敢是人具有胆量的一种心理品质。正如歌德所言：“你若失去了财产——你只失去了一点；你若失去了荣誉——你丢掉了许多；你若失去了勇敢——你就把一切都失掉了。”勇敢作为一种宝贵的人格品质，对于人的一生非常重要，只有勇敢的人才有可能取得成功。具有勇敢品质的人，一般都有如下特征：

1.开朗直率，敢说敢做

勇敢的人能与人正常交往，没有任何的心理障碍，做事情不优柔寡断、瞻前顾后；学习工作的效率较高；在别人面前，敢于发表自己的观点，受同龄人敬佩。乐于助人，在他人遇到困难时，能见义勇为，表现出崇高的道德感情。他们的勇敢不同于鲁莽、粗暴、出风头，往往表现出机智、灵活、沉着、冷静，行为动作具有明确的目的性，并且雷厉风行，说干就干。

2.意志坚强，勇于进取

勇敢的人在困难面前，比一般的人顽强得多。有个西点学员曾经在日记中写道：“摔倒了并不可怕，可怕的是摔倒后不

能爬起来；惊涛骇浪不可怕，可怕的是在惊涛骇浪面前失去了镇定。要知道，在希望与失望的决斗中，如果你用勇气去面对挑战，那么胜利必属于希望。”

3.富于激情，敢于创新

具有勇敢品质的人，往往不满足于已有的知识、成绩、现状，不墨守成规；他们的思维总是处于兴奋、活跃状态，善于抓住新的知识，归纳出自已独特的见解。

要向西点学员学习，作为未来世界的主人，就需要有勇者的气质，敢于面对一切强手，具有无所畏惧、不屈不挠的心理素质和竞技状态。

胜利只属于那些意志坚定、永不动摇的人们!

现在，许多大公司的人力资源部流行组织员工参加“拓展训练”“定向运动”“野战军事训练营”，这些团队建设的培训项目，其实就是模拟西点军校的“野兽营”，为了培养员工挑战极限的信仰与勇气、克服困难的激情与毅力、不屈不挠的斗志、善于合作的团队精神、服从大局的责任感和牺牲精神、面对不确定因素的心理承受能力和应变能力。

只要勇敢就不恐惧

西点通过一系列军事训练、体育活动，包括冒险的“生存滑降”等，不断激发学员的内在勇敢，使他们能够在战争需要的紧急关头无所畏惧地冲上去。同时，在文化教育过程中，西点着重智力开发、思维训练，不断提高学员认识问题的层次；使他们在有胆中有识，在有识中增胆。

在西点学员训练营，每一项管理技能学员都是逐渐学会的，包括克服恐惧。他们经常进行信心训练课程，虽然只是训练，但其强度之大，以至于和平时期的西点学员无意识地就变成了老兵。

这些训练除了能让学员重拾信心以外，西点还确保不让学员们失望。学员们知道他们在战斗中会得以各种物质支持。虽然弹药、食品和水很快就会被消耗殆尽，但是大型运输机和直升机很快就会向他们重新提供。

西点的高度临战状态也培养了他们不畏惧困难的勇气。西点学员不断被灌输，他们是打响战斗的第一人。在训练动员时，军官就全球范围内纠纷频繁的地区所作的简要通报以及反恐训练，形成了一种高度戒备状态。因此，当西点学员知道自

己很快就要参战时，心里反而并没有那么恐惧。

说实话，世上没有什么事能真正让人恐惧，恐惧只是人心中的一种无形障碍。不少人在碰到棘手的问题时，就会设想出许多莫须有的困难，自然就产生了恐惧。其实，遇事如果能大着胆子去做，往往会发现事情并没有想象的那么可怕。

迈克·英泰尔是一个非常胆小的人，他几乎对生活的一切都害怕得要死，自打小的时候，就怕保姆、怕邮递员、怕鸟、怕蛇、怕大海、怕城市、怕荒野、怕黑暗、怕热闹又怕孤独……就这么一个胆小鬼，居然当了记者。

转眼间，他到了37岁，他常为自己怯弱的上半生而哭泣，在一个午后，由于恐惧，精神几近崩溃的他又突然哭了，哭泣的原因是因为一个问题：如果有人说今天自己必须得死，问自己会感到后悔吗？他的答案竟是非常肯定。虽然他有自己的好工作、亲友和美丽的女友，他那平顺的人生从没有出现过高峰或谷底。

从没有下过赌注的他，突然心头涌上一个念头，他决定选择北卡罗来纳州的恐怖角作为他的最终征服的目的地，来达到他征服生命中所有恐惧的目的。

于是，他做出了一个疯狂的举动：他放弃令人羡慕的记者工作，把随身携带的3美元施舍给了街边的流浪汉。只带了干净的内衣裤，从美国西南岸的加利福尼亚，靠着搭便车与一群陌生人横跨美国，前往北卡罗来纳州的恐怖角。

走前，他曾接到奶奶写给他的纸条：你一定会在路上被人杀掉。但他最后却成功了，整个行程有4000多公里，依赖80多

个好心人吃了78顿饭。

整个行程中，他没有接受任何人的钱物，在雷雨交加的夜晚，他就睡在潮湿的睡袋里，也有一些像抢匪或杀手的人让他心生恐惧。有时，他靠打工换取住宿，还碰到一些好心人。到了后来，他终于到了恐怖角。

他挑战恐怖角，恐怖角其实并不恐怖，这个地名是一位16世纪的探险家起的，本来叫“Capefaire”后来被讹传为：“Capefear”。

这使迈克理解到这个地名的不当，就像自己心生恐惧一样，其实自己不是恐惧死亡，而是害怕生命。

用了6个星期的时间，他到了一个陌生的地方，虽然没有得到什么，但他注重的是过程。通过这次冒险的经历，可以在他的回忆中增加勇气和信心，好像他的人生一样。对于人生的事情，我们不要杞人忧天，事情该怎么做就怎么做，不要由于其他的原因，而耽误了自己前进的脚步。

恐惧是我们的大敌，它会找出各种各样的理由来劝说我们放弃。它还会损耗我们的精力，破坏我们的身体。总之，它会用各种各样的方式阻止人们从生命中获取他们所想要的东西。

真正成功的人，不在于成就大小，而在于你是否努力地去实现自我，喊出自己的声音，走出属于自己的道路。大文豪萧伯纳说过：“困难是一面镜子，它是人生征途上的一座险峰。它照出勇士攀登的雄姿，也显示出懦夫退却的身影。”一个人无论做任何事情，要想获得成功，就必须有面对各种苦难的勇气，必须正视出现的挫折与失败。只有那些具有勇气的人，才

不会被种种困难所带来的恐惧所吓倒，才能真正实现超越自我的目标，达到希望的顶峰。

格兰特曾在维克斯堡战役中经历两次失败，但他没有气馁，而是再次进行了精心策划。他在仔细地研究过地图，聆听过大家谈论后，对部下说出了再次攻打维克斯堡的意图，大多数人都反对，认为他的计划太冒险了，这个计划会毁掉北方军打胜这场战争的全部可能性。但是，格兰特还是出兵密西西比河西岸，从维克斯堡城经过。他让部队在城南登上炮舰渡河。部队在东岸登陆，在司令官的催促下，向内陆进发。为了闪电般地进军，任何非必需品都不准携带。格兰特只带了一把梳子和一柄牙刷，没有替换的衣服，没有毯子，甚至连坐骑也没有。军队从维克斯堡南面向内陆进发。格兰特在城北的活动麻痹了南方军，他们不明白他在要塞南面登陆的用意。南方军指挥官急忙南下，想摧毁格兰特的给养线，却发现根本不存在什么给养线。这是因为格兰特违背了一条基本的作战原则，那就是进攻部队的活动不能脱离掩护得很好的给养基地。格兰特完全不受条条框框的约束，他以这片土地为给养基地，一边前进，一边就地征集他所需要的食物和马匹等。

正是这场战役的胜利，改变了南北双方力量的对比，也是使北方走向胜利的转折点。

由此可见，勇气引领人生！一个丧失了勇气的人无异于丧失了一切。英国有句谚语说得好："失去勇气的人，生命已死了一半。"可见勇气对人成长、成功的重要性！

在职场中，一名优秀的公司管理者，魄力与胆识是必不

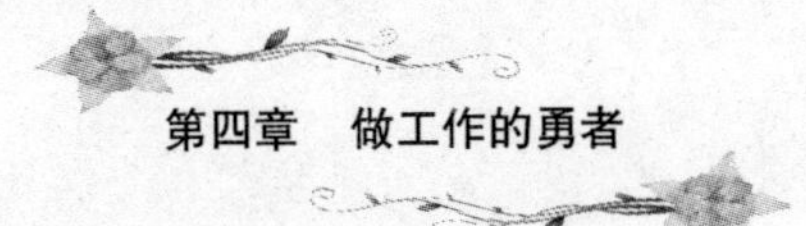

可少的素质，同时还要果断地抛弃恐惧。恐惧是一个很好的导师：恐惧使人不再矫揉造作，不再虚张声势自以为英勇；恐惧使人赤裸裸地面对自己最好和最坏的一面。

今天不能够控制自己的恐惧，那么将来置身于危险中，风险会更大，除非你能够面对恐惧，否则恐惧会永远如影随形，永远限制着你的发展和成就。

每一位公司管理者都需要冒险。风险愈高，管理者的情绪愈接近恐惧。训练自己在重要关头能够冷静面对恐惧的最好的办法是在恐惧的情境下练习克服恐惧。他们必须学会面对恐惧，了解恐惧，同时体会因为恐惧而产生的压力。唯有如此，才能确保在最需要冷静行事的关键时刻，不会因为恐惧而瘫痪。

所以说，直面恐惧、勇敢地面对危险更是管理者应有的一种基本素质。

第五章 勇于冒险

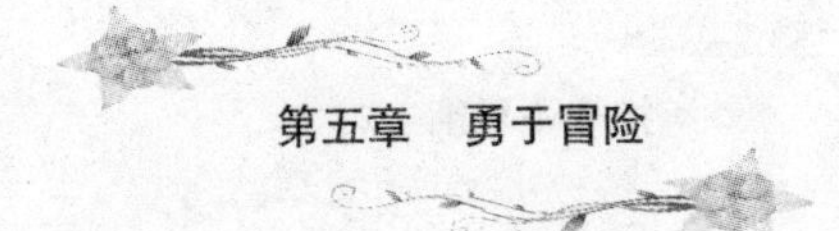

冒险是一种美德

回顾人类发展的历史，我们就会发现：如果我们的祖先没有冒险和想象，没有勇于创新和敢于牺牲的精神，就没有人类点燃文明的火炬。在他们看来，冒险精神代表着一种积极的生活态度，只有敢于冒险，敢于尝试，敢于创新，才能成为现代生活的真正勇士。

西点52届毕业生、美国军火大亨杜邦公司创始人亨利·杜邦说："危险是什么？危险就是让弱者逃跑的噩梦，危险也是让勇者前进的号角。对于军人来说冒险是一种最大的美德。"

用"冒险"这个词去概括西点军人克服困难时所表现出来的品质，是再恰当不过的。毕业于西点军校的罗文中尉在三个星期的冒险传奇中，尽管曾经面临绝境——一道道深沟险壑和敌人的阻击，但他知道没有冒险就不可能达到人生的卓越。

1899年，一个叫阿尔伯特·哈伯德的人和他的家人讨论起了美西战争。每一个人都为古巴起义军首领加西亚而喝彩，因为他在古巴本战役中起到了关键作用。然而，哈伯德的儿子伯特，却提出了不同的观点。"在我的印象中"，伯特肯定地说，"战役中真正的英雄不是加西亚将军，而是安德鲁·罗文

中尉——那个把信送给加西亚的人。”儿子的话，令哈伯德的心久久不能平静。于是，哈伯德写下了《致加西亚的信》这篇文章，发表在一本杂志上。一百多年以来，这篇看上去无关紧要的文章，竟然成了印刷史上销量最高的出版物之一。

什么东西使这本书充满了魅力呢？一看之下，情节简单到了极点：19世纪美西战争中，美方有一封具有战略意义的书信，急需送到古巴盟军将领加西亚的手中，可是加西亚正在丛林作战，没人知道他在什么地方。此时，挺身而出的一名军人——罗文，不讲任何条件，历尽艰险，徒步三周后，走过危机四伏的国家，把那封信交给了加西亚。关于那个叫罗文的人，如何徒步闯过一个个凶险密布、关隘重重的困境，把那封信交给加西亚——这些细节都不是我想说的，值得强调说明的是：当罗文接过信之后，并没有问“加西亚在什么地方”。不知道加西亚在什么地方，而又必须把信送给加西亚，中间还要忍受饥饿、疲劳，甚至冒着死亡的危险。是什么激励罗文一步一步向前？是什么让他甘愿舍身冒险？我从安德鲁·罗文的身上读出了忠诚、敬业和责任，或许你要说这个故事实在太过平淡，或许你要说这里的道理实在太过浅显，或许你要说这并不值得让你心情澎湃，思绪万千。但也正是这看似平淡无奇的故事，正是这人人都明白的浅显易懂的道理映射出了“罗文”精神的可贵。

还记得当美国总统布什看了这本书后说：“我把它献给所有那些在政府建立之初与我们同行的人……我寻找那些能把信带给加西亚的人，让他们成为我们的一员。那些不需要监督

而且有坚毅和正直品格的人正是能改变世界的人！”这里我想说，感谢《致加西亚的信》带给我心灵上的洗礼，我讲出心底的感受，和朋友们分享，让我们记住“罗文”这个平凡的名字，和他一样凭借饱满的热情、年轻的心态、创新的意识，携手共进，成就自己不平凡的事业！

在危险的时候冲在最前面，是一个军人的责任，因为一名合格的军人绝对不会逃避自己的责任。实际上，不只是军人需要冒险，普通人也需要冒险精神。

一位房地产开发商多次冒险投资都以赢利而告终。

开发商说，他之所以屡屡得手，主要是他敢于冒险。他在选择一个投资项目时，如果别人都说可行，这就不是机会——别人都能看见的机会不是机会。他每次选择的都是别人说不行的项目，他认为：只有别人还没有发现而你却发现的机会才是黄金机会。尽管这样做很冒险，但不去冒险就没有大的赢利，只要有50%的希望就值得冒险。

世界上有许许多多的人不敢冒险，缺乏胆量只求稳妥，所以一事无成。所谓胆量，就是指做事时胆子要大一点，就是指要克服只求稳妥的弱点，就是要敢作敢为，相信自己能展翅飞翔。有时胆子要大一点不是在说要粗枝大叶、闭眼蛮干，也不是在谈论只求前进而不管实际，要分清楚哪个是敢作敢为，哪个是莽撞蛮干。当成功者回顾其成功的经验时，无不感慨地说，胆魄、勇气是人生的重要财富。在不确定的环境里，人的冒险精神是最可贵的。管理理论认为：解决制约因素不确定、信息不完善的最好方法，莫过于组织内有一位富有冒险精神的

战略家。

英特尔公司的企业文化，即六个价值观，在公司历史上一直扮演着很重要的角色。它包括“以结果为导向”“注重质量”“以客户为导向”“鼓励冒险”“强调纪律”，“成为最佳的工作环境”。一直以来，英特尔致力于创造一个好的工作环境，让员工能够真正地通过他们对公司的贡献来获得满足感和成就感。

其中，“鼓励冒险”是公司文化很重要的一部分。

英特尔的价值观认为，要鼓励员工勇于创新，敢于冒险，并能够吸取成功或失败的经验和教训。冒险精神被明确写进了英特尔的价值观中，成为英特尔文化不可或缺的一部分。实际上，30多年前英特尔的几位创始人也是带着些许的赌气与冒险情绪创业的，敢于冒险，敢于创新，深深地烙在英特尔的企业文化中。

英特尔文化“鼓励冒险”，并不是指匹夫之勇，盲目冒险。英特尔所推崇的是充分评估，在接受挑战之前，能够掌握各种情报，了解种种变通之道与替代方案，增加对失败的控制力，称之为“可预期的风险”“可衡量的冒险”。换句话说就是英特尔任何的创意和新的解决方案都是在深刻了解市场、了解用户需求之后所做出的。

当冒险者得到理解和认同时，其冒险行为将得到整个团队的支持。

如果公司里没有人愿意去冒险，也很难有创新的动力。当员工愿意去冒险、去创新、敢于尝试不熟悉的事情时，英特尔

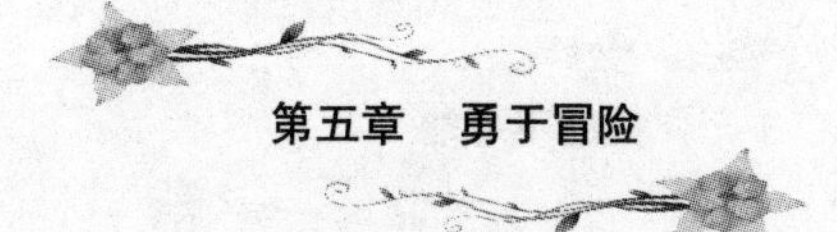

就给予员工这样的机会，容许员工犯错误。员工明白公司能接受他们可能不成功的结果，所以会敢于冒险和创新。

除了及时大力表彰外，英特尔还会收集每个员工在冒险中做出的成绩和表现，作为评定和奖励的基础。

在商业社会中，到处都充满了竞争，充满了挑战。一个企业，若想在波涛汹涌的商潮中自由穿梭，就非得有冒险的精神不可。现在甚至有人认为，成功的主要因素便是冒险，员工则必须学会正视冒险的正面意义，并把它当作不断提高的必要条件。

不断地去冒险、去创新，才能促进企业的发展，推动企业去适应社会，创造更为辉煌的成就。

不敢冒险实质上是一种消极的冒险，不敢失败实质上是人生的真正失败。一帆风顺的人达到创造的顶峰，他们的潜力也不可能真正发挥出来。美国铁路大王库恩·洛布说：“从来不曾失败过的人，不是傻子，就是卑鄙的小人。”

每一次冒险的失败，都是一次超越的机会，逃离失败，躲避冒险，就会把一个人的活力与成长力剥夺殆尽。所以，冒险和失败是超越自我的重要推动力。

善待冒险行动中的种种失败，让冒险意识融入你的生命，你就会成为能创造奇迹的人。

冒险是一种自我超越

人无冒险精神，难成大事。一个人不能没有冒险精神，尤其是年轻人，要敢于拼搏，敢于迎难而上。为了实现心中的梦想而勇敢前行。只有具备冒险精神，敢于尝试，敢于承担，才有走上成功之路的可能。

美国内战爆发以后，17岁的阿瑟想从军为国效力。于是他就把这一想法告诉了他的父亲，他的父亲便把这位立志从军的儿子送到新组建的威斯康星州第24兵团。阿瑟是有几分能力的，上级看好他，因而委任他当副官，并授予中尉军衔。

长官看好他，却有很多的人不把他放在眼里，更不欢迎他，大家都称他为“娃娃副官”，可谓轻蔑之极。不过，阿瑟中尉并没有让大家的嘲讽持续太长时间，因为他用勇敢证明了自己的实力，证明他足以配得上副官的职位。这位阿瑟中尉在作战中表现神勇，敢闯敢干，英勇无畏，很快就受到了上司的赏识与部属的敬畏。

1963年11月25日，查塔努加之战正在激烈地进行着。阿瑟所在的第24兵团接到了命令，他们要向一座陡峭的高地发起冲锋。但是事实证明，敌人的火力猛烈，以至于久攻不下，只好

溃退下来。就在部队进退维谷之际，阿瑟做出了一个惊人的举动，他亲自带领3名掌旗兵突然出现在了山坡上，一步步向前挺进。

敌人哪能容得阿瑟逼近？遂向这里猛烈开火。第一个士兵很快倒下了，第二个士兵、第三个士兵也相继倒下了。阿瑟的举动实在太冒险了，但是他还要将这种冒险的举动继续下去。阿瑟毫不畏惧地从倒下的士兵手中接过军旗继续前进，并冲到了队伍的最前方。这时候，阿瑟发出了一句扭转战局的呼喊："冲啊！威斯康星！"

阿瑟的呼喊得到了回应，部队如梦初醒，怒吼着、嚎叫着冲了上来，仿佛一头头野兽。阿瑟的冒险精神令人震颤不已，也激励了部队的士兵，部队就在阿瑟的呼喊声中一举冲了上来，向敌军猛冲过去。

最后，高地终于夺下来了，阿瑟的冒险为部队迎来了辉煌的胜利。但是阿瑟烟尘满面，鲜血染红了征衣，精疲力竭地倒了地上。不幸中又万幸的是，阿瑟并没有牺牲，他坚强地活了下来。这也是上天对一位勇敢者、无畏者、冒险者的格外关照吧。

战斗结束以后，骑兵司令谢里登奔上山顶，激动地一把抱起这位年轻的副官，然后哽咽着对身旁的士兵说："要好好照顾他，他的实际行动真正无愧于任何荣誉勋章。"

查塔努加之战的胜利意义重大，为谢尔曼将军南下横扫佐治亚洲铺平了道路。可以说，阿瑟在关键时刻的冒险精神发挥了重大作用，拯救了军队，挽回了败局，成为查塔努加之战当之无愧的功臣。由于他在这次战斗中的表现十分突出，因而获得了国家最高奖赏——国会荣誉勋章。

经此一役，阿瑟成了团里的英雄，在一年之内连续得到了晋升，成为北军中最年轻的团长和上校。此时，阿瑟年仅19岁，从“娃娃副官”变成了“娃娃上校”，也赢得了所有人的钦佩。

人生处处是风险，有风险的存在才有预防和控制风险的方法。那些过于保守、缺乏创新意识、不敢求得突破的人是很难成功的。与风险结伴而来的是机遇，风险越大，通常机遇也越难得。

其实我们每天身边都会围绕着很多的机会，可是我们总是因为害怕而停止了脚步，结果机会就溜走了。我们因为害怕被拒绝而不敢跟人接触；我们因为害怕被嘲笑而不敢跟人沟通情感；我们因为害怕失败而不敢对别人做出承诺……不过，我们可以从现在起抓住和创造属于我们自己的机会。

在军事行动中，如果不敢冒险的话，所有成功的机会也就随之流失了。

不可否认的是每个人都有与生俱来的“怕”。少年怕独自走夜路。父亲问他：“你怕什么？”少年答：“怕黑。”父亲问：“黑为什么可怕？”少年答：“像有鬼似的。”父亲问：“你见过鬼？”少年笑了：“没有。”父亲问：“那么，现在你敢独自走夜路了吗？”少年低头：“不敢。”父亲问：“还怕什么？”少年答：“路边有一片坟地。”父亲问：“坟地里有什么声音或鬼火之类的吗？”少年答：“有虫叫，没鬼

火。”父亲问：“白天的虫叫与夜里的虫叫有何区别？”少年：“……”

冒险精神是时代所需，更是取得成功不可缺少的因素之一。一个人要想获得成功，就要具备冒险精神，不断拼搏。只有这样，才能走上成功的巅峰。

当有人问起比尔·盖茨为什么那么成功时，他认为首要因素就是他敢于冒险，敢为人所不敢为，能够在关键时刻行险招。纵观盖茨的一生，他最持续一贯的特性就是强烈的冒险天性。他甚至认为，如果一个机会没有伴随着风险，这种机会通常就不值得花心力去尝试。用比尔·盖茨的话来说，有冒险才有机会，正是因为有风险，奋斗中才充满了跌宕起伏的趣味。

比尔·盖茨虽不是西点人，却一点也不缺乏西点人的冒险精神。事实上，比尔·盖茨非常注重对冒险精神的培养，而这种培养自学生时代就开始了。他在哈佛大学的第一个学年就有意识地制定了一个策略：多数的课程都逃课，然后临近考试时再拼命复习。他与一般人逃课不同，他是想通过这种冒险，检验自己怎么花尽可能少的时间，而又能够得到最高的分数。不能不说他进行了一次有意义的冒险，通过这个冒险他发现了一个企业应当具备的素质：如何用最少的时间和成本得到最快最高的回报。

可以说，比尔·盖茨之所以事业蒸蒸日上，不断取得佳绩，并且最终成为世界首富，与他的冒险精神是分不开的。冒险精神能够激发出人们心中潜藏着的巨大精神力量，能够催发出巨大的推动力，因此常常能够促使人们在事业上取得突破，

取得成功。

冒险精神是一种非常可贵的品质。敢不敢冒险、敢不敢在风险中从容应对，险中取胜，已经成为现代人的必要答题。可悲的是，如今随着时代的发展和社会的演变，敢于冒险的精神已经弱化了。当此之际，我们更应该以挑战者的姿态站出来积极面对风险，应对突变，做一个现实中的勇士。

勇敢地面对危险

现代社会化大生产，环境多变，市场的广阔和竞争的剧烈增大了公司管理者决策的风险性。风险是客观存在的，一般说来，决策可能得到的效益与决策所冒的风险是成正比的。因此，在决策时，要对效益和风险这两者作认真的、仔细的权衡。企图回避风险，只能使风险更大。作为公司的管理者，只要估计风险在主客观条件可以承受的范围内，为了获得较大的经营效益，就应该勇于冒险决策。

走运的人一般都是胆大的。除了个别例外的情况，最胆小怕事的人往往是最不走运的。幸运可能会使人产生勇气，反过来勇气也会帮助你得到好运。要大胆行动需根据两项原则：

一是准备走曲折的路。当好的机会出现在你面前时，要敢于把握。

二是明白大胆与鲁莽的区别。如果你把一生的储蓄孤注一掷，去做一项引人注目的冒险行动，在这种冒险中你有可能失去所有的东西，这就是鲁莽轻率的行动。你尽管由于要踏入一个未知世界而感到恐慌，然而还是接受了这项令人兴奋的新的工作机会，这就是大胆。

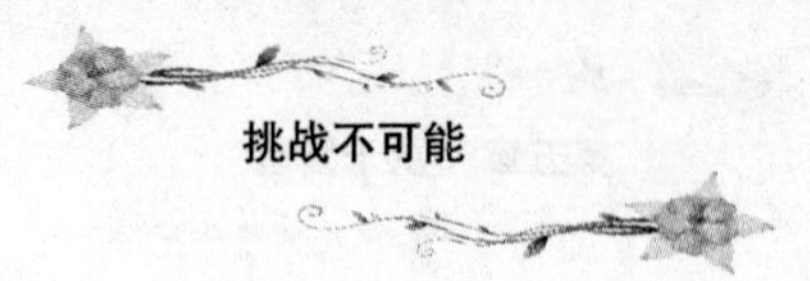

但是，在现实生活中，成功多少都有些冒险，需要克服一些恐惧，更要战胜那种与生俱来的“怕”。你必须花费你的时间和金钱去冒险一试。对机遇的分析必须深思熟虑，但可别让胆怯扯了你的后腿。因为对于冒险一试的事你已筹备良久，你自然会对此有深切的期望，如果你不敢放手一搏，它们终将一无是处。

很多时候，成功就像攀附铁索，失败不是因为智商的低下，也不是因为力量的薄弱，而是威慑于环境，被周围的声势吓破了胆。可能会有很多人告诉你，你不能完成这件事情，或者你不合适这个工作。但是，你要相信，一切皆有可能。每个人都有特定的位置，只要你真的想做一件事情的时候，你才会成功，所以应该果断地做出选择。勇敢地迈出你的第一步，那许是你人生的分水岭。成功的花环，往往垂青于不在乎众人的评价，不惧怕重重阻碍的人。

保罗·格蒂是美国石油界的亿万富翁，一位最走运的人，但在早期他走的是一条曲折的路。他上学的时候认为自己应该当一名作家，后来又决定从事外交工作。可是，出了校门之后，他发现自己被俄克拉荷马州迅猛发展的石油业所吸引，那时他父亲也是在这方面发财致富的。搞石油业偏离了他的主攻方向，但是他觉得，他不得不把自己的外交生涯延缓一年。作为有意尝试开发油井的人，他想试试自己的运气。

格蒂在钻塔工作攒了一些钱，他还从父亲那里借了些钱（他的父亲严守禁止溺爱儿子的原则，他可以借给儿子钱，而送给他的则只是价值不大的礼物）。年轻的格蒂是有勇气的，

但不是鲁莽的。像“一次失败就足以造成难以弥补的经济损失”这种冒险的事，他从来没有干过。他头几次的冒险都失败了，但是在1916年，他碰上了第一口高产油井，这个油井为他打下了幸运的基础，那年他才23岁。

是走运吗？当然。然而格蒂的走运是应得的，你做的每一件事都没有错。那么格蒂怎么知道这口井会产油呢？他确实不知道，尽管他已经收集了他所能得到的所有事实。“总是存在着一种运气的成分，”他说，“你必须乐意接受这种情况。如果你一定要求有肯定的答案，那你就会捆住自己的手脚。”

平常我们所说的“三分能耐七分胆”算不上科学，但有一定道理。有胆量缺乏能力，可能会把握不住应得的机遇，但是，有本事没有胆量，根本就抓不住机遇。也就是说，能力和胆量同时具备才有可能成功。

两强交锋勇者胜。纵观古今的成功者，并不仅仅是因为他们的能力而获得成功的，他们有一个共同的特点是具有勇气。能量不足仍有发挥的可能，而胆量不足则根本没有发挥的可能了。

世上没有绝对的成功之路，市场往往带有很大的随机性，各种要素不断变化，难以捉摸。因此，要想在商海中自由地遨游，就非得有冒险精神不可。甚至有人觉得，成功的关键因素便是冒险，做人必须正视冒险的正面意义，并把它作为成功的关键条件。

生意本身就是一种挑战，一种战胜他人赢得胜利的挑战。在生意场上，要具有强烈的竞争意识。“一旦看准，就大胆行

动”已成为许多商界成功人士的经验之谈。

幸运喜欢光顾勇敢的人。冒险是人身上的勇气和魄力的体现。唯物辩证法认为：冒险与收获往往结伴而行。险中有机遇，危中有利益，要想成功，就应当敢于冒风险。有成功的欲望又不敢去冒险，就会错失良机，因为风险总是与机遇联系在一起的。风险有多大，获得的成功就有多大，由贫穷走向富裕需要的是把握机遇，而机遇是平等地铺展在人们面前的一条道路。具有过度谨慎心理的人常会失掉一次次的机会。

那是地处险恶的峡谷，涧底奔腾着湍急的水流，几根光秃秃的铁索横亘在悬崖峭壁间，这就是过河的桥。

一行四人来到桥头，一个盲人，一个聋子，两个耳聪目明的健全人。

四个人一个接一个地抓住铁索，凌空行进。结果呢？盲人、聋子过了桥，一个耳聪目明的人也过了桥，另一个则跌下去，丧了命。

难道耳聪目明的人还不如盲人、聋人吗？

他的弱点恰恰源于耳聪目明。

盲人说：我眼睛看不见，不知山高桥险，心平气和地攀索；聋人说：我的耳朵听不见，不闻脚下咆哮怒吼，恐惧相对减少很多。那么过桥的那个健全人呢？他的理论是：我过我的桥，险峰与我何干？急流与我何干？只管注意落脚稳固就够了。

在我们的身边，许多成功的人并不一定是他比你“会”做，更关键的是他比你“敢”做。哈默就是这样一个人。

1956年，58岁的哈默购买了西方石油公司，开始大做石油生意。石油是赚钱的行业，由于赚钱，竞争尤为激烈。哈默要想建立起自己的石油王国，无疑面临着极大的风险。

首先是油源问题。1960年美国石油产量占总产量38%的大洲，已被几家大石油公司垄断，哈默无法插手。沙特阿拉伯是美国埃克森石油公司的天下，哈默难以染指……怎样解决油源问题是哈默面临的首要问题。他冒险接受了一位青年地质学家的建议：旧金山以东一片被优士古石油公司放弃的地区，也许藏有丰富的天然气，他建议哈默的西方石油公司把它租下来。哈默千方百计地筹集了一大笔钱，投入这项冒险的投资。当钻到860英尺（262米）时，终于钻出了加利福尼亚州第二大天然气田，价值在2亿美元以上！

哈默的成功告诉我们，风险与利润是成正比的，巨大的风险才可能带来巨大的利润。

与其不尝试而失败，不如尝试后再失败。不战而败相当于运动员比赛弃权，是怯懦的表现。经营者要有坚强的毅力及“拼着失败也要试试看”的勇气和胆略。当然，这应建立在科学的基础上。顺应客观规律，加上主观努力便可从风险中获益，这是经营者必备的心理素质，即所谓的有胆有识。

勇敢使我们敢于冒险，敢于行动，敢于迎接各种风雨的袭击，使我们能够坦然面对我们人生路上的各种失败。

每天冒险一点点

风险愈高，人的情绪愈接近恐慌。要训练自己在重要关头能够冷静面对恐慌，最好的办法就是在控制的情境下练习克服恐慌。

一个有志于在公司中有所作为的员工必须要有冒险精神，如果惧怕失败，不冒风险，求稳怕乱，平平稳稳地过一辈子，虽然可靠，虽然平静，但那真正是一个悲哀而无聊的人、一个懦夫。其最为痛惜之处在于，这个人亲自葬送了自己的潜能。他本来可以摘取成功之果，分享成功的最大喜悦，可是他却甘愿把它放弃了。与其造成这样的悔恨和遗憾，不如去勇敢地闯荡和探索。与其平庸地过一生，不如做一个敢于冒险的英雄。

然而，在现实生活中，稳重与冒险，看起来似乎是水火不相容的态度，但两者其实是可以相互转化的。如果在冒险之前能将风险的概率了解清楚，并制定出规避风险的对策，那冒险也能变成稳重。而如果在稳重之中故步自封，不求进取，始终左右摇摆做中间人，一般会有平平庸庸的风险。

我们既提倡冒险精神也提倡注意小节，这二者应该达到一个平衡的状态，才能保持人生的天平不偏不倚，不致变成盲目的冒险者或者呆板的稳重人。

正如杜邦所说，现实生活中并不缺乏稳妥的优秀品质，缺少的是冒险的精神。大部分人都能平平安安地度过，没有人出人头地但也没有流离失所。可是，稳重人自以为的绝对安全是不存在的，风险总是潜藏在最难以发现的地方，对习惯于稳重的人来说，这往往是足以致命的。

拿破仑·希尔是美国著名的成功学大师，也是《黄金法则》的著作人。一日，一个经理人去向他求助。见面不久，这位经理就大吐苦水："我恐怕要失去工作了，我有不好的预感！"

"能告诉我原因吗？"拿破仑·希尔不慌不忙地问。

"公司的资料对我太不利了，部门的销售业绩一直在下滑，比去年降低了7个百分点。但是整个公司的业绩却在攀升，被炒鱿鱼是迟早的事！希望渺茫……"

"那你有什么决策呢？既然有渺茫的希望，为什么不把它实现？找出业绩下降的原因，想办法提高销售人员的热情。与其像这样等待机会，为什么不能自己争取机会？"

经理对此并不认同："如果我现在做大的变革，我害怕会出现乱子，到时候就更加不对劲了，更加不好办了。"

"那么请问，你是愿意侥幸地希望公司保留你这个不能为公司带来利益的经理，还是希望放手一搏让公司极力挽留你这个人才？"希尔拿出了呵斥的语气，见眼前的这位经理不吭声，于是放缓情绪对他说："当然，你可以一边在这里一边另寻高就，骑驴找马，这样万一失业了也比那时再找工作容

易。”

经理对希尔的话显然接受了不少，回到部门里表现出了自信的面貌，增加每天的早会，增加销售人员的提成……当然，这些改革部下们看在眼里，心里也更愿意付出，部门的业绩终于实现了回升。

稳重不错，像这位经理这样，只要不出什么大错，公司最多也就是给他调个岗位，或者降一级，就算再不济，再找工作也不是难事。

的确，在恐惧的挫折面前，人往往变得畏缩，有勇气去面对。如果有一个位置能让他躲避这个风险，大部分人都会站上去。换言之，就是放弃努力拼搏，希望风险自己走过而没有发现躲在角落的你。

可是，成大事的人却恰恰相反，他们往往会鼓足勇气，将前方的恐惧杀个片甲不留。希尔为经理提出的建议就是让他选择抵抗而不是逃避，只有将业绩翻回来才能让自己变得更闪光。

现在，一些渴望成功的人的身上往往缺乏勇气和信念，敢于冒险的精神也随着生活条件的优越而持续弱化。有太多的大学生，毕业之后待在家里啃老，等待哪个亲戚朋友送来哪家大公司“任用书”，这是可悲还是可笑呢？其实，我们要改变这种状况，就要培养一种冒险精神。如果我们有了这种精神，就能在日常工作中，不惧困难、挫折，尽量让自己去拼搏。只有这样，我们才能在点滴中培养冒险精神，才能适应时代的需要，才能融入时代，进而出类拔萃。

尝试每天冒一点点险

人生就是一个不断尝试、不断冒险的过程，正是有了先人们的无数次的尝试和冒险，人类文明才能发展到今天。每一个人、每一天都应该抱有尝试的心态，抱有冒险的精神。这样，才能每天都有新的收获，都有不断的进步，才有个人的提升。

固守自己原有的领地，不愿冒险尝试，那么很多机会将会与你擦身而过，从这个角度上来说，过分谨慎就成为走向成功的一个阻碍。

冒险，是对前方未知事物的一种探索、一种尝试，时刻抱有冒险意识，敢于怀疑，甚至打破以往的固有秩序，才能开辟新的天地。

泰戈尔曾经说过："像一支和顽强的崖口进行搏斗的狂奔的激流，你应该不顾一切纵身跳进那陌生的，不可知的命运，然后，以大无畏的英勇把它完全征服，不管有多少困难向你挑衅。"

有这样一个故事：

一个春天的下午，一辆豪华的汽车驶进了一个偏僻的小山村，村民们对这辆车的到来都深感好奇，纷纷围过来观看。

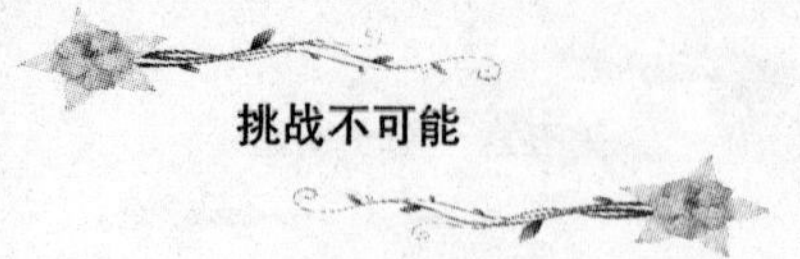

这时，从车上走下来几个人，其中，一个穿着黑色上衣的中年男子微笑着问周围的村民：

“你们想不想演电影？谁想请站出来一下！”中年男子一连问了几遍，可是都没有人吱声。

场面僵持之时，忽然一个约莫十六七岁的姑娘从人群中走出来，看着中年男子说道：“我想演。”中年男子打量着这个女孩，她并不漂亮，单眼皮儿，红扑扑的脸蛋，倒是浑身透露出山里孩子特有的淳朴和倔强。

“你会唱歌吗？”中年男子问她。

“会啊。”女孩大方地回答。

“好，那你现在就唱一首听听。”中年男子跟她说道。

“我们的祖国是花园，花园的花朵真鲜艳，和暖的阳光照耀着我们，每个人脸上都笑开颜……”女孩一边唱一边跳了起来。

村里的人不禁都笑出声来。女孩不但唱得跑调，还老是忘词，舞姿也并不优美。然而，出人意料的是，就在这时，中年男子却说话了：“好，那就是你了！”

这个女孩是谁，她就是魏敏芝，在这个山村中，她幸运地被张艺谋选中，出演电影《一个都不能少》中的女主角，从而红遍大江南北。

有时候机会就是这样眷顾你的。只需要你勇敢一些，迈出眼前的这一步，那么迎接你的将是不一样的未来。

生活中，很多人画地为牢，待在自己的舒适区内，不愿意前进。他们的理由很多，“这样多安全啊！不用担心失败和风

险！”这样的安全，从某种程度上来说就意味着落后。可那又怎样？即便这样的生活平淡无味，即便这样的生活平庸无奇，人们还是原地踏步，不肯迈出眼前的那一步，碰触机会的棱角！

1984年，可口可乐在与百事可乐的对峙中处于竞争劣势，当时，可口可乐公司委任西吉奥·齐曼负责扭转局势。齐曼采取改换可口可乐配方的策略，取名“新可乐”，但是效果并不好。新可乐只在市场上销售了79天，就被停售，旧配方的可乐重回市场。

造成这样的状况，齐曼深受打击，在一年以后离开了可口可乐公司。离开可口可乐公司以后，在很长一段时间内，西吉奥·齐曼没有和该公司的任何人来往。谈到那段时间，他自己说道：“那时候很寂寞。”但他并没有断绝和社会的交往和联系。他和朋友合伙开了一个顾问公司，虽然环境简陋，设备简单，在一个地下室，只有一台电脑、一个电话和一架传真机，但是这并不能成为他前进的阻碍。齐曼的座右铭是：“打破传统，勇于冒险。”

机会对每个人来说都是平等的，当机会的曙光照在我们身上，我们只需要勇敢地迈出眼前这一步，就赢得了机会。而总是犹豫不决，左顾右盼的人，即使机会来了，他也无法把握。只会在事后后悔！那时候的后悔又有什么用呢？

当然，尝试、冒险，本身就是存在风险的，然而，如果你为了安全而拒绝任何冒险和尝试的行为，那么你的生活也将一成不变，永远过着平庸的生活，永远无法突破，永远无法跨

出新的一步。有这样一位歌剧女高音歌唱演员，天生一副好嗓子，然而她却只扮演一些小角色。别人问她："你嗓子这么好，为什么甘于演小角色，而不去尝试一下重要的角色呢？"她听了，却笑笑，"我不想演绎重要角色，因为这样子的话，整场的演出关键就在于我，台下观众会仔细聆听我的每一个音符，唱的偏了错了，岂不不好？"于是，她的一生下来，也从来没有得到过众人的瞩目，在自己的一生中，也只是扮演一个无足轻重的小角色，而无大的发展。

在这里，我们提倡尝试，提倡冒险，并非是不加思考盲目地前行。正像一位经理对加菲尔德说的那样："在我准备采取重大一点的行动之前，总要给自己先设计一幅失败的图案，考虑到可能会发生的最坏的局面，然后问问自己该怎么办。如果根本无法挽回，我便不去冒这个险。"正像拉伯雷所说的："不敢冒险的人既无骡子又无马；过分冒险的人既丢骡子又丢马。"

尝试，常常需要付出常人难以想象的努力和艰辛，但是，尝试也往往能够创造出骄人的成绩，如果没有爱迪生上千次艰辛的尝试，今天的万家灯火恐怕永远只是个梦想；越王勾践如果没有卧薪尝胆的勇气和毅力，何谈复国；如果刘备在半生的颠沛流离中放弃了自己的志向，蜀国的基业就无从谈起，历史或许因此而改写；红军如果没有经过万里长征的艰苦磨难，也许就不会有今天的新中国。锲而不舍地尝试，艰辛地奋斗是成功的基石。如果马云在失败的时候选择放弃，就不会有今天的阿里巴巴，电子商务领域或许要拖后数年；如果柳传志不去大

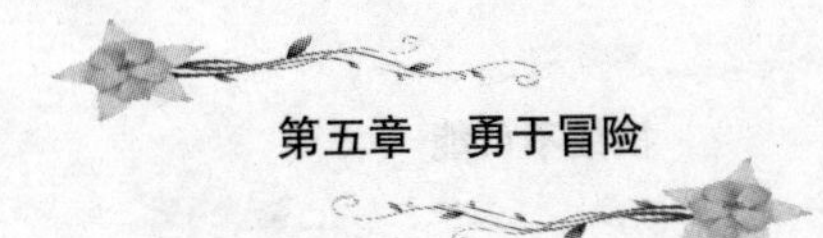

胆的尝试，联想就不会成为全球最大的PC制造商；如果没有巴菲特十年如一日的研究分析，就不会成就伯克希尔·哈撒韦公司高达几万美元的股价！犹豫是尝试的最大敌人，只有懦夫才选择退却！

人生中，那些取得成就之人，往往都是不惧尝试，勇于冒险的人。正所谓“该出手时就出手！”通过尝试和冒险，人们得到了越来越多的经验，获得了越来越多的机会。人生就在这样的尝试和冒险中不断丰盈起来。

勇于冒险，不断尝试，人生的路才会越走越宽阔。正像雨果所说：“所谓活着的人，就是不断挑战的人，不断攀登命运险峰的人。”

不要害怕，勇敢一点，去尝试吧！尝试每天冒一点点险，你会发现，你的生活在不经意间起了变化。

接受困难，敢于冒险

勇敢就是在面对危险的时候不胆怯、不懦弱，能够客观评估风险后立即行动。勇敢就是在困难面前绝不畏缩，决不后退，就是在疾风暴雨里始终走在最前面。有一些年轻人曾经问美国前总统尼克松，若要成功地踏上仕途，需要具备哪些条件？对于这个问题，不同的人也许会给出不同的答案。有人会立即想到聪明才智、反应灵敏、个人品德以及对一项伟大事业具备的信念等。

不过美国前总统尼克松却给出了一个截然不同的答案，他说："要想获得政治上的成功，有一项绝不可缺少的素质，那就是为取得成功而甘冒一切风险，但是真正具备这种品质的人是很少的。你绝对不应该害怕失去什么，当然，我的意思不是要你去鲁莽行事，但你必须足够勇敢，否则难以取得成功。"

西点人崇尚勇敢精神，而我们在生活中也必须具备勇敢的精神。只有够勇敢，我们才能成为生活中的强者。勇敢是一种积极的态度，是一种敢为天下先的勇气。当胆小的人与怯懦的人遇到危险纷纷躲开时，勇敢者却以豪迈的气概勇敢地走上前，并想方设法战胜困难。

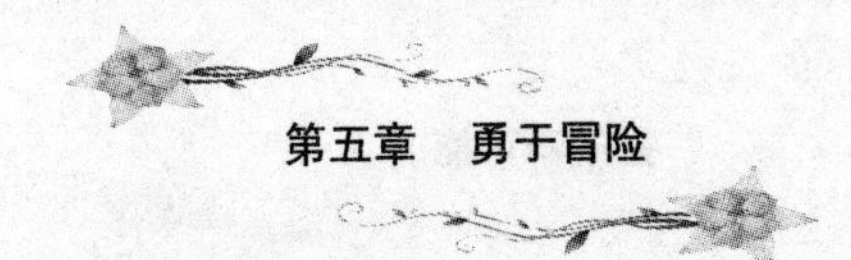

在我们这一生中，在某些时候我们必须采取重大的和勇敢的行动，但这只是在仔细考虑这次行动成功的可能之后才把胆子放大而采取的行动。

在面对是否采取行动的问题上，特别是这种行动涉及冒险时，我们会发现自己犹豫不决、坐失良机；在这种情况中，是传统的观点在作怪："不要鲁莽行动，这里很可能有危险，不要去尝试。"这常常是明智的劝告，但毕业于西点军校的威廉·埃勒里·查宁却这样说道："有时……把胆子放大一点，敢作敢为最聪明。"

崇尚勇敢一直以来都是西点提倡的精神。西点学生明白，只有拥有冒险精神才能让自己做出惊人的事业。尼克松曾经说过："成功地踏上仕途，需要具备为取得重大成就而甘冒一切风险的品质。你绝不应该害怕失去什么。我的意思不是让你去鲁莽行事，但你必须得'敢'字当头。"

在西点人看来，冒险是一个军人必须具备的素质，如果一个军人不敢冒险，那么就不能在战场上取得胜利。西点军校要求学员们记住：只有保持住冒险精神，一个人才能做出惊人的事业。

在公司中，许多员工常常犹豫不决，使他们的信心得不到升华。他们能完全意识到自己的弱点，而怀疑就经常从这种事实中产生。许多员工对一切了解太多，所以他们生性谨慎，愿意推迟重大的决定，有时甚至无动于衷。

但怎样才知道别人比你决心更大呢？如果你既了解自己也了解他人，你可能会对他们的恶习和弱点感到吃惊。他们完

全有可能比你更加踌躇不前。问题是，你对你的一切知道得又具体又透彻，而对他人的一切却了解甚微。你同其他员工可能习性相同，只要你有相同的成功机遇，你完全可以同他一决高下。你所需要的只是放开胆子、敢拼敢打的冒险劲头。

西点军校每年都要对新学员重复这句忠告：“接受困难，勇于冒险。”

在西点，冒险精神是每个人必备的素质，但是冒险不是冒失，鲁莽行事被视为一种极其愚蠢的行为。正如西点军校的一句校训所说：“正确的战略技术比优势兵力更重要。”

危险与机遇并存，但是冒“有作为的险”和“无作为的险”就有巨大的差别。

英国著名军事战略专家里德·哈特做过这么一个有趣的统计：在世界历史上最为经典的290次重大战役中，只有六例是以正面攻击获胜的，而这六例胜利的战役也是在战斗中随着战事的急剧变化而被迫选择正面攻击，其他战役无一例外都用到了精妙的战术。这让人大为震惊，硬碰硬的打仗原来这么不受待见。

无独有偶，西点也出现过冒失铸错的人。莱特是西点的在读学员，入学时期发生的一件事让他记忆犹新：记得那天基础生练习绳索坠岩，对于这些愣头青的新生来说，他们最不缺的恐怕就是冒险精神了。教官再三叮嘱：“请不要擅自开始，记清楚姿势！”

莱特显然是想将美国青年的冒险精神在这里发扬一下，于是在教官还在保护第二位学员的时候，自己将保险绳系好并以

为一切就绪时，向旁边的同学使了个眼色就倒头准备下坠。

然而本以为简单的动作，此时他却不知道如何行动。头朝下望着下面，有四五层楼高，紧张的他忘记了动作要领。幸亏旁边的学员大喊，才使教官迅速赶来，三个教官一起才把他拉回了正确位置。

“你们手里还有一条保险绳，你没系着就往下走？你以为自己很有本事吗？二年级的学生都不一定可以独自完成！”教官丝毫没有顾及莱特的恐惧，直接一顿狠批，作为惩罚，莱特的晚餐从正餐变成了一片吐司。

可见，冒险和冒失，虽然只是一字之差却有着千差万别。像西点教导的那样，在恰当时机才可以冒险。当成败的可能性不是七三开而是三七开的时候，你还希望冒这个险吗?

在作出决策之前，要先尽量挖掘出有用的信息，这样的冒险才是富有智慧的。不然就会像莱特一样，会给自己的生命带来危险。

在漫长的生命旅途中，大部分人都喜欢走平坦、安稳之路，这样虽然可以节省些力气，却往往与成功背道而驰。那些精神与肉体都懒散的人不喜欢改变现状，他们也因此很少尝到胜利果实的美味。

培养冒险精神

冒险是一个渴望成就大业的人必须要具备的精神，风险和收益的大小是成正比的，一分风险就是一分成就、一分财富、一分收获。如果没有冒险精神，一个人很难取得大的成功。

西点的冒险精神要求的首先是勇敢精神，但不是盲目冒险。军人首要的是目的明确，在目标召唤下勇敢地去做、冒险地去做。

公司中大多数员工不敢冒险，他们熙来攘往地拥挤在平平安安的晋升大路上，四平八稳地走着，这路虽然平坦安宁，但距离人生风景线却迂回遥远，他们永远也领略不到奇异的风情和壮美的景致。他们平平庸庸、清清淡淡地过了一辈子，直到走到人生的尽头也没有享受到真正成功的快乐和幸福的滋味。他们只能在拥挤的员工中争食，闹得薄情寡义，也仅仅是为了保住工作。其实这样并不安全，因为仍然要承受失败与被上司鄙夷的风险。

毕业于西点的威廉·B. 富兰克林说过这样一句话："要求永远不犯错，正是什么也做不成的原因。"因此，公司的员工需要改掉的是一整套的习惯。首先，遇到有小事要决定的时

候，向西点军人那样练习“快动作”。譬如，决定请哪个客户吃饭，给上司写什么信，要不要买某一件外套送给下属。这一切决定只需要五分钟，绝对不要磨磨蹭蹭。强制自己在某一时限内作出决定，决定好了就不要改变（不要写了信又撕掉，买了外套又退回店里）。你或许会觉得做这件事太莽撞，太不顾虑后果，这种想法正是问题的真正所在。事情过了几天，说不定会意想不到地对自己的决定感到满意。

我们必须学习西点军人勇于冒险求胜的精神，你就能比你想象的做得更多更好。在勇冒风险的过程中，你就能使自己的平淡生活变成激动人心的探险经历，这种经历会不断地向你提出挑战，不断地奖赏你，也会不断地使你恢复活力。

西点军人的冒险精神实际上是成功必不可少的因素。现在有很多员工渴望成功，却非常缺乏这一因素，所以只能看到希望，却无法达到希望。把西点军人当作自己行动的导师，去做自己想做的每一件事，那么成功就会在你脚下。

我们相信，没有冒险精神，永远都不可能成为一名合格的军人。这句话在西点也得到了充分的验证，因为在西点，有许多训练项目就是为了训练学员们的胆量和毅力，如果没有冒险精神，便不可能通过这些训练，又怎么能够顺利毕业，进而成为一名合格的军人呢？

在现实生活中，我们常常就是因为缺乏冒险精神而最终一事无成。

一天，有人问一个农夫他是不是种了麦子。农夫回答：“没有，我担心天不下雨。”那个人又问：“那你种棉花了

吗？”农夫说：“没有，我担心虫子吃了棉花。”于是那个人又问：“那你种了什么？”农夫说：“什么也没有种。我要确保安全。”

一个不冒任何风险的人，只会一事无成，就像农夫一样，到头来，什么也没有，什么也不是。他们回避困难，同时他们也失去了收获成功的机会。其实人的一生就是一场冒险，走得最远的人是那些愿意去做、愿意去冒险的人。

战争具有很大的偶然性，更需要大胆和冒险，如果在战机出现时不敢冒险，可能就丧失了赢得战斗的良机，这便是西点教给学员的战斗理念。通过一次次的冒险训练，学员们逐渐都变成了善于把握机遇的“冒险专家”，多次智慧的大胆行动都赢得了意想不到的成绩。

有希望，就一定有失望的风险，冒险就有失败的可能。但是在困难面前，你不敢冒险，只求稳妥，犹豫不决，只能白白错失良机。

在人的一生中，有着各种不确定因素。有的人不求安稳，敢于冒险，这是他们能够获得成功的一个重要因素。有的人惧怕失败，做事只求稳当，这个人就葬送了发挥自己潜能的机会。与其由于错失机会而悔恨遗憾，不如勇敢地去闯荡和探索，成功或许就在不远处等着你。

在战争中不敢冒险，就意味着失败。今日之商战，更是变化莫测，风险无处不在，公司如果不敢冒险，也只能接受失败的命运；员工如果胆小怕事，就不可能获得成功。风险中肯定有困难，但困难中蕴藏着巨大的机会。

对一个真正的西点军人来说，冒险精神是必不可少的，因此，优秀的员工也一定要有冒险精神，一马平川的发展可能会比较顺利，但绝不会有所作为，只有敢于冒险才能得到别人所得不到的。

比尔·盖茨说：“所谓机会，就是去尝试新的、没做过的事。可惜在微软神话下，许多人要做的，仅仅是去重复微软的一切。这些不敢创新、不敢冒险的人，要不了多久就会丧失竞争力，又哪来成功的机会呢？”

微软只青睐具有冒险精神的员工。他们宁愿冒失败的风险选用曾经失败过的员工，也不愿意录用一个处处谨慎却毫无建树的员工。在微软，大家的共识是：最好是去尝试，即使失败，也比不尝试任何机会好得多。

要想成就大事业，就要学会冒险。要想学会冒险，首先要明白积极进取的生活足以改变整个人生。只有敢于向忧虑和恐惧进攻，你才能驾驭忧虑和恐惧，把它们远远地抛在身后。

1918年9月，巴顿指挥美军的坦克兵参加圣米歇尔战役。9月6日凌晨2时30分起，战役打响了；经过3个小时的炮火准备后，美军在浓雾的掩护下发起了冲击。浓雾虽然有利于坦克的隐蔽，但也挡住了巴顿的视线。于是，他带领5名军官和12名机械师向着炮弹爆炸的方向走去。巴顿在路上遭到敌人炮火和机枪火力的封锁，他们趴在铁路边的沟渠里隐蔽。惊慌失措的步兵匆忙向后退，巴顿阻止了他们，集合了大约100个人。

敌人的炮火稍一减弱，巴顿马上指挥大家以散兵线沿山丘北面的斜坡往上冲。斜坡底下，坦克被两个大壕沟挡住了去

路，必须填平壕沟，才能使坦克顺利通过。但敌人不断地向这里射击，士兵们不得不经常隐蔽起来，所以工作进度非常慢。

看到这种情况，巴顿立即解下皮带，拿起铁锨和锄头，亲自动手干了起来。敌人仍然不断向这边开火，突然一发子弹击中他身边一个士兵的头部，但他不为所动，继续挖土。大伙被巴顿的勇气所鼓舞，齐心协力，很快就将壕沟填平了。五辆坦克越过了壕沟，冲向山顶。

坦克从山顶上消失后，巴顿挥动着指挥棒，口中高声叫道："我们赶上去吧，谁跟我一起上？"分散在斜坡上的士兵全都站起来，跟随他往上冲。他们刚冲到山顶，一阵机枪子弹就像雨点般猛射过来。大伙立即都趴到地上，几个人当场毙命。当时的情景真让人有些不寒而栗，大多数人都趴在地上一动也不敢动。望着倒在身边的尸体，巴顿大喊：

"该是另一个巴顿献身的时候了！"便带头向前冲去。

只有6个人跟着他一起往前冲，但很快，他们一个接一个地倒下去，巴顿身边只剩下传令兵安吉洛。安吉洛对巴顿说："就剩我们孤单单两个人了。"巴顿回答说："无论如何也要前进！"他又向前跑去，但没走几步，一颗子弹击中他的左大腿，从他的直肠穿了出来，他摔倒在地，血流不止。

鉴于巴顿的杰出表现，他获得了"优异服务十字勋章"，以表彰他在战场上的勇敢表现和突出战绩。嘉奖令上写道："1918年9月26日，在法国切平附近，他在指挥部队向埃尔山谷前进中，表现出超乎寻常的责任感。尔后，他将一支瓦解了的步兵集合起来，率领他们跟在坦克后面，冒着机枪和大炮的密

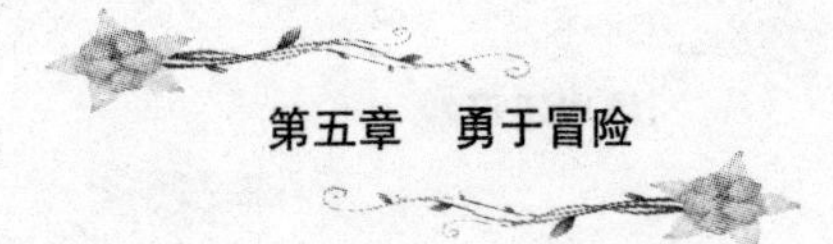

集火力前进，直到负伤。在他不能继续前进时，仍然坚持指挥部队作战，直到将一切指挥事宜移交完毕。”

我们每个人都要有冒险的勇气、行动的勇气。如果你从不尝试任何事情，就不会知道自己真正的实力，更不会明白自己到底要什么。在迈向未来的道路上进发，有坎坷也有曲折，危险固然存在，但这却是通往成功与幸福的必经之路。

不管你是否愿意，这个世界永远有新的挑战立在你的面前，总有新的领域等待你去征服，关键是你敢不敢去做、去冒险。很多杰出人物也许不一定比你“会”做，但重要的是他们比你更“敢”做。

没有人可以不冒险就能够取得胜利。每一个人都希望自己成就一番事业，可是机会是不会光顾那些守株待兔的人的，只有具有进取心的人才能抓住它。

生命在于运动，一切生机都来自行动，来自动态发展。在现实社会中，人们常常抱怨自己缺少机会，其实，冒险乃为机会之母。当具有一定的冒险精神时，你就不会满足于现状，而是努力奋斗、敢于进取。

不敢冒险就没有成功

如果拿破仑在率领军队越过阿尔卑斯山的时候，只是坐着说："这件事情太冒险了。"无疑，拿破仑的军队永远不会越过那座高山。所以，西点新学员被灌输着这种冒险意识，无论做什么事，勇于冒险，都是达到成功所必需的和最重要的因素。

敢于冒险，不仅是西点军人的特征，也是成功人士和职场员工应该具有的基本素质，只有敢于冒险，你才有成功的可能。假如你连股市都不敢进，你当然不会有赚钱的机会；你敢进了，你就有了50%的机会。

平庸的员工因循守旧，就没有发展前景。而卓越的员工则敢于冒险，相信自己能够成功，在冒险的过程中也能体会到成功的快乐。卓越的员工做事总是冲在最前面，他们不会在领导交付任务的时候找借口推辞，不论多么困难的任务他们都接受，因为他们相信自己能成功，相信自己能比别人做得好。很多时候他们不等领导分配任务，自己主动去争取，主动地承担责任。在任何一家公司里，领导都会喜欢那些做事积极、勇于冒险、冲在最前面的员工，会对他们委以重任。那些找借口推

辞工作、推卸责任的员工在哪里都不会受欢迎的。

勇于冒险，冲在最前面也是对自我的一种挑战，它能激励自己不断提高能力，超越自我，在冒险的过程中，自身的能力会得到提高，综合素质也会得到增强。勇于冒险，站在最前面，会使你变得越来越强大，越来越受领导青睐。

不冒风险，哪来出人头地的机会呢？很多时候，成功的机会是同风险叠合在一起的。要想抓住成功的机会，就得冒一点风险，否则，就会丧失许多可能是人生重大转折的机会，从而使自己的一生平淡无奇，毫无建树。

世界的改变、生意的成功，常常属于那些敢于抓住时机、敢于冒险的人。生命运动从本质上说就是一次探险，如果不是主动地迎接风险的挑战，便是被动地等待风险的降临，冒险总比墨守成规让你更有机会出头。

吉姆·伯克晋升为约翰森公司新产品部主任后的第一件事，就是开发研制一种儿童所使用的胸部按摩器。然而，这种新产品的试制失败了，伯克心想这下可要被老板炒鱿鱼了。

伯克被召去见公司的总裁，然而，他受到了意想不到的接待。

“你就是那位让我们公司赔了大钱的人吗？”罗伯特·伍德·约翰森总裁问道，“好，我倒要向你表示祝贺。你能犯错误，说明你勇于冒险。我们公司就需要你这种有冒险精神的人，这样公司才有发展的机会。”

数年之后，伯克本人成了约翰森公司的总经理，他仍然牢记着前总裁的这句话。

美国一家大公司的总裁说得好："冒险精神具备与否，实际上是一个员工思考能力和人格魅力的表现。"作为一个员工，只有你把冒险精神投入到工作中去，你的老板才会感觉到你的努力。

冒险者不一定能成功，不冒险者则一定不能成功，对很多年轻人来说，人生最大的危险就是不敢冒险。

工作中没有万无一失的成功之路，在追求的道路上，总会有那些不可预料的险滩沼泽，无处不在的风险，随时都会出现在每个人的面前。在今天开放的全球化世界中，随机性和偶然性更大，往往变幻莫测，难以捉摸。在如此不确定的环境里，冒险精神就成了最宝贵的资源。

那些赢家之所以会赢，因素有很多，既需要智慧和运气，更需要勇气。只有善于抓住机会，并勇于冒险的人，才会获得事业上的成功。一般来说，成功者之所以成功，是因为他们敢做别人不敢做的事情。

古罗马先哲曾说："只有冒险才有希望！"仅有很高的智商和情商还不足以使你成为杰出的成功者，还必须要同时具有"胆商"才行。什么叫作"胆商"？就是具有冒险精神，能够抓住机遇。对每一个渴望成为赢家的人而言，"胆商"都是一种重要的素养。瞻前顾后，患得患失，缺乏敢想的勇气，缺少敢做的能力，这样如何能成功？只有以更大的胆量、更快的速度、更奇的招数度主动出击，才能抢占先机，脱颖而出。否则，等待你的必然是失败。

巴顿堪称现代史上最杰出的战术家之一，他在战斗中的

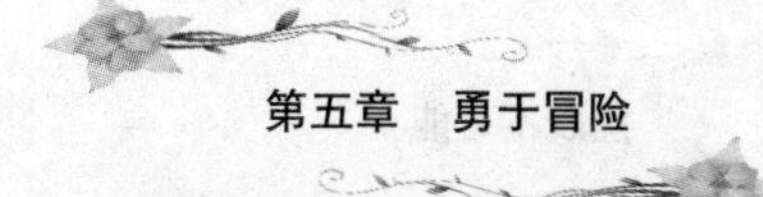

一句口头禅是："要迅速地、无情地、勇猛地、无休止地进攻！"正是这种一往无前的进攻精神，使得巴顿的部队在战场上所向无敌。

许多成功人士的胆量都是很大的，也许正是因为从小就习惯了没有后路、无人帮助，所以他们才敢于大胆向前走。看准时机、果断决定，这是成功者必备的素养。

那些所谓"走运"的人一般都是大胆的人，最胆小怕事的人往往是最不"走运"的人。幸运会使人产生勇气，反过来，勇气也会帮助你得到好运。但是，胆大不等于鲁莽，冒险绝不是冒冒失失地无端逞强，更不是希图侥幸地投机取巧。冒险是有目的、有计划地挑战你的智慧和能力。如果你把一生的储蓄孤注一掷去进行一项一项引人注目的冒险行动，你可能在这种冒险中失去所有的东西，这就是鲁莽轻率的行动。尽管你由于要踏入一个未知世界而感到恐慌，却接受了一项令人兴奋的新的工作机会，这就是大胆，或许你的人生将因此而得到改变。

如果不想一辈子平庸无奇、碌碌无为，那么你就得敢于冒险。因为，成功的捷径之一就是要敢于冒险。

在适当的时候去冒险

成功人士也并不是鲁莽行事，为了冒险而冒险，在决定做某件事情前，一定会挖掘足够的信息，然后才能够准确预测出“有所作为的风险”和“无所作为的风险”，这样的冒险才是最智慧的选择，才能使自己立于不败之地！

优秀的员工都是在恰当时机冒险的人。如果遇到困难，你已经习惯在恰当的时间去冒险，那你也拥有了成功的习惯！

在企业界，冒险家的冒险精神成就了企业的发展和社会的进步。以利润为直接动机，以“征服的意志”“创造的快乐”为内在动因，这种在利益驱动下形成的冒险精神是创造的本质。国民是否具有这种冒险精神，决定了一个国家经济与社会的发展状况。

美国前财政部长罗伯特·鲁宾就是这样一个以“征服和创造”为乐，不断向未知世界挑战的人。

鲁宾生于纽约，长于迈阿密海滨，父亲阿莱克桑达是一位在迈阿密经营不动产的律师。因为想离家远一点，鲁宾到位于美国北部波士顿的哈佛大学就读。在哈佛大学他专攻经济学并以优异的成绩毕业。之后又进入哈佛大学法学院，但仅学习了

一周就退学，转入伦敦大学经济学院。在那里他接受了正统的英派经济学理论教育。他于第二年（1961年）秋返回美国，在耶鲁大学法律系专心攻读法律。

三年后，鲁宾开始在律师事务所就职。但是，他总觉得律师事务所不适合自己的发展。于是，鲁宾1966年转入高盛投资顾问公司。此后26年间，鲁宾作为投资及金融专家活跃在金融界，同时利用其丰富的法律知识，历任政府的通商委员会顾问、预算委员会顾问、FRB国际资本市场委员会委员、证券交易委员会市场监察员等公职，并在共和党支持者众多的金融界，牵头为民主党筹措选举资金。

1990年，鲁宾登上了高盛公司董事长的宝座，但1993年却应克林顿之邀放弃了年薪200万美元的会长之职，接受了收入只有其1/10的美国财政部长的职位。在这个职位上，鲁宾终于找到了可以施展才华的机会。

“如果陷入党派之争，就不可能做出正确的判断。”这是鲁宾的至理名言。

鲁宾给人的印象是不引人注目、不爱出风头，只是埋头工作。他虽然身为民主党员，但从不受党派的限制。“我们只要提出符合人们基本权利的政策，就是政治上站在对立面的共和党也不会反对我们的政策。”鲁宾认为，这才是政治家的使命。

可以说，鲁宾之所以能政绩斐然，与他敢于尝试、不断挑战命运的性格是分不开的。

任何一家企业要想做大，所面临的风险是长期的、巨大的

和复杂的。企业由小到大的过程，是风险与机会共存的过程，企业之舟随时都有可能触礁沉船。企业在发展过程中常常会遇到许多的困难和风险，如财务风险、人事风险、决策风险、政策风险、创新风险等。要想成功，就要有“与风险亲密接触”的勇气，否则就会与成功永远无缘。

对于现在的我们来讲，要把人生视为一场冒险。只有那些勇往直前，无所畏惧的勇者，才能到达常人无法企及的高度。就像登山运动员，只有那些勇敢的人，才能登上峰顶，欣赏大多数人一生都没有机会看到的风景。

在思想上要敢于冒险

格蒂1973年出生于美国的加利福尼亚州，父亲是一位商人。他小时候很调皮，但读书的成绩还算不错，后来进入英国的牛津大学读书。1994年毕业返回美国后，他最初的意愿是想进入美国外交界，但很快就改变了主意。

他为什么改变了主意呢？因为当时美国石油工业已进入方兴未艾的年代，一种兴致勃勃的创业精神鼓舞着年轻的格蒂到石油界去冒险。他想成为一个独立的石油经营者。于是，他向父亲提出，让他到外面去闯一闯。

但他父亲提出了一个条件：投资后所得的利润，格蒂得30%，他本人得70%。作为父子，这个条件尽管苛刻，但格蒂还是爽快地答应了。他有自己的打算。他向父亲借了一笔钱之后，便径自走出家门，独自来到俄克拉荷马州，第一次进行他的冒险事业。1996年春，格蒂领着一支钻探队，来到一个叫马斯科吉郡石壁村的附近，以5美元租借了一块地，决定在这里试钻油井。工作开始后，他夜以继日地奋战在工地上。经过一个多月的艰苦奋战，终于打出了第一口油井，每天产油72桶。格蒂从此进入了石油界。就在同年5月，他和他父亲合伙成立了

“格蒂石油公司”。

1999年，格蒂以更富冒险的精神，转移到加利福尼亚州南部，进行他新的冒险计划。但最初的努力失败了，在这里打的第一口井竟是个“干洞”，未见一滴油。但他不甘心，在一块还未被别人发现的小田地里取得了租权，决心继续再钻。然而这块小田地实在太小了，而且只有一条狭窄的通道可进入此地，载运物资与设备的卡车根本无法开进去。他采纳了一个工人的建议，决定采用小型钻井设备。他和工人们一起，从很远的地方把物资和设备一件件扛到这块狭窄的土地上，然后再用手把钻机重新组合起来。办公室就设在泥染灰封的汽车上，奋战了一个多月，终于在这里打出了油。

随后，他移至洛杉矶南郊，进行新的钻探工作。这是一次更大的冒险，因为购买土地、添置设备以及其他准备工作，已花去了大笔资金，如果在这里不成功，那么将意味着他已赚取到的财富将会毁于一旦。他亲自担任钻井监督，每天在钻井台上战斗十几个小时。打入3米，未见有油。打入4米，仍未见有油。当打入435米时，终于打出油来了。不久，他们又完成了第二口井的钻探工作。仅这两口油井，就为他赚取了4万美元的利润。这是1925年的事情。

格蒂的冒险一次次地获得成功，促使他想去冒更大的险。1927年，他在克利夫兰同时开了四个钻井，又获得了成功，收入又增加了上万美元。这时，他建立了自己的储油库和炼油厂。1993年他父亲去世时，他个人手头已积攒下数百万美元了。以后的岁月，机遇也常伴格蒂身边。他所买的租田，十之

八九都会钻出油来。而且，他的事业也一直一帆风顺，直到成为世界著名的富豪。

巴甫洛夫曾说："应该冒险，这是思想的权利。"

职场中，很多人一个基本的特点就是"怕"字当头，"不敢"为先，害怕受到伤害，害怕承担责任，害怕有可能的失败……做什么事都瞻前顾后、畏首畏尾。而带着思想工作的人总能坚持做到有良好的计划就去实施，有出色的点子就去执行，绝不会让自己处于一种躲避退让、被动挨打的境地。带着思想工作的人大都鄙视守成有余而开拓不足、缺乏冒险精神的人生态度，他们无法忍受自己的事业始终处于一种小格局、小境界和小发展之中。

有人问一位股票界的成功人士："股票会不会跌？"回答是："很难说。"再问："什么时候会上涨？"回答仍是："很难说！"接着问："能买哪一只股票？"回答还是："很难说！"问者说："你什么都不确定，就去搞那么大项目的投资，是不是太冒险了？"他回答："当你什么都知道、都弄清楚了的时候，不也正是一切都风平浪静，一切都已经成为历史的时候吗？我们就是要在所有问题都还不确定的情况下进行投资，换取可能的成功啊！"

杰出的人士都是肯动脑筋、敢冒风险的人，他们愿意迎接通过努力取得成功的挑战。他们以迎接挑战为乐趣，但这绝不意味着赌博。他们对于风险不大的事情不屑一顾，因为它不是挑战；也不会去冒太大的风险，因为这会得不偿失。

《冒险》一书的作者维斯戈说："如果生活想过好一点，

就必须冒险。不制造机会，自然无法成长。担心吗？危险吗？不确定吗？这是预料中的事，但为了前进一步，就必须暂时离开安全的故所。每一次的冒险，都无法避免会有所失。如果你一点都不怕，这种冒险根本不是冒险，对你一点也没有坏处——没有任何冒险是绝对安全的。”

当然，冒险也要从实际出发，因为我们的愿望是要获得成功。

运用自己的技能克服困难，通过努力获得实际的成就，这是莫大的快事。冒险不可胡来，因为风险过高或过低都不可能获得令人满意的结果。总之，创造人生的人总是乐于接受困难又能迎接成功的挑战。

古往今来，能成大事者一定是在思想上或行为上善于追求、敢于冒险的人。总是回避困厄与风险的人，将与成功无缘。

第六章 突破心中的不可能

不要给“我能”设限

“人生无极限，一切皆有可能。”但平常人之所以平常，除了不了解外部世界三百六十行中各自独特的酸甜苦辣、艰难险阻以及所要求的素质条件外，再者就是自己，即自身的性格、特长、知识积累等条件，适合去做什么，能够干成什么？恐怕没有经过实践的检验与锻炼，对此，自身很难给自己做出一个一成不变的定论。而当你做不出什么成就时，就会认定自己生命已走到了极限，不可能再有新的高度，但实际上人生是无极限的，一切皆有可能的。

人在工作的时候也好，运动的时候也好，会在一个自己觉得适当的时候停下来。其实这不过是自己头脑中想定的一个极限罢了，它是不是真正的极限，很多人都没有证实过。而大凡成功的人都会把挑战困难当作自己生活中的极限运动，他知道，大的困难激发出大的潜能，这正是自己进步的最好机会。他会攒足力气，做全力的拼搏。

当人们给自己设定了一个限制速度，并且在这个限制速度比实际的极限速度低得多时，人们便永远无法完全了解自己。实际上，很多人都在极力回避与自己交锋，这样做的结果就是造成对自己的评价过低，乃至丧失自信，做什么事情就不敢以自己为主体，别人怎么说，自己就怎么去做。殊不知，只要我们为了理想百折不挠、日积跬步，在黯淡的际遇中不放弃努力，在心中划上自己梦想的刻度，总有一天，生命会达到一个崭新的高度！

事实证明，每个人有了“我能”的理念之后，就会焕发出积极和进取的气息。在“我能”精神的鼓舞下，人们就会为远大理想而努力奋斗，以期施展自己的抱负，实现人生的最大价值。其实，人生就像登山，每个人不管多么平凡，只要真诚付出努力，都能够跨越一座又一座的高峰。

拿破仑说：“不想当元帅的士兵不是好士兵。”不被自己的过去所限制的人，才是真正拥有未来的人。沉湎过去，往往看不到美好的将来。

科学家曾拿跳蚤做过一个实验：他们把跳蚤放在桌子上，跳蚤跳起的高度是其身高的一百倍以上，堪称世界上跳得最高的动物！

然后，他们在跳蚤头上罩一个玻璃罩，再让它跳，跳蚤如此在玻璃罩中跳了几次后，就改变了起跳高度以适应环境，每项次跳跃总保持在罩顶以下高度。接下来逐渐改变了起跳的高度，跳蚤都在碰壁后主动改变自己的高度。

最后，玻璃罩接近桌面，这时跳蚤已无法再跳了。科学家于是把玻璃罩打开，再拍桌子，跳蚤仍然不会跳，变成“爬蚤”了。

上面这个实验中，跳蚤变成了“爬蚤”，并非它已丧失了

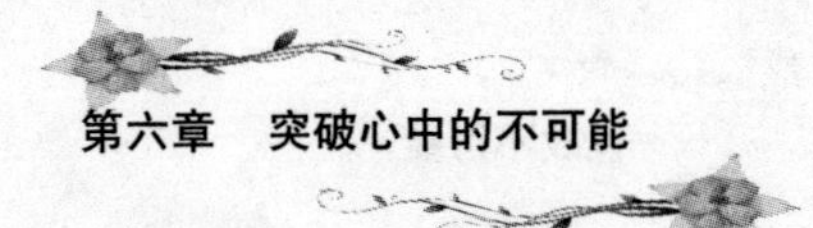

跳跃的能力，而是由于一次次受挫折后学乖了，习惯了，麻木了。跳蚤能如此，何况人呢？拿破仑说：“你生命中所有的限制都是你自己为自己所设的。”

跳蚤的可悲之处就在于，实际上玻璃罩已经不存在，它却连“再试一次”的勇气都没有。玻璃罩已经在潜意识里，罩在了心灵上。行动的欲望与潜能被自己扼杀了！科学家把这种现象叫作“自我设限”。在我们每个人的生命中，都会面临许多害怕做不到的时刻，因而划地自限，使无限的潜能只化为有限的成就。

在工作中，你或许有这样的体验，当刚接手一项新工作时，你觉得它很困难，但实际做起来后，却发现它并没有想象中的那么困难。而且，一旦掌握了要领，就越做越有感觉，并且发现当初想象的困难不过是杞人忧天罢了。在生活中具有挑战自己极限的勇气，你才能成为困难的“克星”。

打破不可能的束缚

“没有办法”或“不可能”让事情画上句号；“总有办法”则使事情有突破的可能，关键在于自己是否用心去思考过、寻找过。只有不断寻找新思维的人才有及时抓住机会的可能。

不大可能的事情也许今天会实现，根本不可能的事情也许明天会实现。

生活中很多的“不可能”都是常规理论下的结论。常规是为了方便世人而存在，但有时候也会牵绊住前进的脚步。新的成功，往往是需要打破常规的，成功者的字典里不应该有“不可能”这三个字。

美国杰出的发明家保尔·麦克里迪曾讲述过这样一个故事：几年前，我告诉我儿子，水的表面张力能使针浮在水面上，他那时候才十岁。我接着提出一个问题，要求他把一根很粗的针放到水面上去，但不能沉下去。我还提示给他一些方法，比如用磁铁之类作为辅助工具。他却不假思索地说：“先把水冻结成冰，再把针放上去，再把冰慢慢化开不就得了吗？”他这个答案真是让我的精神为之一振。因为我明白，即使我苦思冥想，也不一定能想到这个上面来。因为经验把我的思维限制住了，而这个小子没有那么多条条框框的束缚反而可以另辟蹊径。

这个故事告诉我们，一个人的经验多了，创新意识可能就少了，因为常规的要求已经能很好地满足，自己的经验足以应付日常所有的事务。但殊不知，这就是进步的大敌，没有进步又何来新的成功呢？所以，要获得创造性的成功，就必须打破常规，开阔自己的思维。甚至可以把自己一些没有用的东西从脑海里淡忘、抹去。

人们都认为孩子虽然天真但是却因为不经世事而更真实，让我们抛开一切杂念，拥有孩子一般的思维起点，有时候过于复杂的问题是需要简单的思维去化解的，就好比武术中的以柔克刚。

这种返璞归真的思维方式往往会使人在走投无路的情况下，回头打一场漂亮仗。而培养一种新的思维方式也就是为自己的人生找到了一种新的可能。首先要善于观察生活，善于从老人和小孩子那里获得灵感，他们一个看尽人生起伏，一个不经世事纷扰，他们，也只有他们的思维才会与众不同，才是思维的“幽径”。

而寻找这个“幽径”确实是一个类似修行的过程，这里面需要太多的看透，需要太多的自制能力，需要……也正是因为这些难度才能获得不可能的可能吧。当别人还在墨守成规的时候，自己就先从头脑开始“革命”吧。

要解决问题时，如果难度较大，很多人会对自己说“绝不

可能！”然后不再努力，最终放弃。这样做的人往往不是懒汉就是庸才。与此相反，一个杰出的人，总是通过改变自己的心态和发问方式，最终将“绝不可能”变为“绝对可能”。他们是如何做到这点的呢？

1. 重新发问：把“怎么可能”改为“怎样才能”

发问方式，往往决定了解决问题的不同结果。如果你发出“怎么可能”的疑问，百分之百就会就此打住，不可能再进一步。但是，假如你将焦点集中在了思考“怎样才能”，效果就会完全不一样。

2. 不为“定论”屈服

20世纪50年代初，美国某军事科研部门着手研制一种高频放大管。科技人员都被高频率放大能不能使用玻璃管的问题难住了，研制工作因而迟迟没有进展。后来，由发明家贝利负责的研制小组承担了这一任务。上级主管部门在给贝利小组布置这一任务时，鉴于以往的研制情况，同时还下达了一个指示：不许查阅有关书籍。

经过贝利小组的共同努力，终于制成了一种高达1000个计算单位的高频放大管。在完成了任务以后，研制小组的科技人员都想弄明白，为什么上级要下达不准查书的指示？

于是他们查阅了有关书籍，结果让他们大吃一惊，原来书上明明白白地写着：如果采用玻璃管，高频放大的极限频率是25个计算单位。“25”与“1000”，这个差距有多大！

后来，贝利对此发表感想说：“如果我们当时查了书，一定会对研制这样的高频放大管产生怀疑，就会没有信心去研制了。”

人很容易向定论屈服。而不被定论所左右，往往就会超越定论！

3.“熬”到问题投降

创造性的思维，常常是熬尽脑汁训练出来的。要具有好的创造性思维品质，除了珍视智慧的火花、以开放的心灵去拥抱新的理念、构想外，更要沉得住气，勇于接受、忍受思维在一段时期内的“痛苦折磨”。

许多人并不傻，也不是没有智慧的火花，但为什么会最终败下阵来，或所获甚微，原因就是不能“熬”。相反，那些成大器的人物，都具有长久地对一个问题保持专心致志的能力，他们都有非同凡响的“熬”功。

牛顿正是“熬”到问题投降的杰出代表。正如凯因斯在分析牛顿的文章中指出的：“他特有的才能就是，他能把一个纯粹的智力问题，在头脑中保持下去，直到完全弄懂为止。我想他卓越的才能是由于他有最强的直觉能力和上帝赋予的最大忍耐力……我相信：牛顿能把一个问题长久地放在头脑中一连数小时、数天、数星期乃至更久，直到问题向他投降，并说出它的秘密。”

4. 战胜“约拿情结”

“约拿情结”源于圣经中约拿的故事。约拿平时一直渴望得到上帝的宠幸。有一次，机会来了，上帝派他去传达圣旨，这本是一桩神圣光荣的使命，平生的夙愿终于可以实现了。但是，面对突然到来的、渴望已久的荣誉，约拿却莫名其妙地胆

怯起来，最终，他逃避了这一神圣的使命。

美国心理学家、创造学家马斯洛根据这一故事，提出了“约拿情结”的概念，其含义是：“我们害怕自己的潜力所能达到的最高水平。在我们最得意的时候，最雄心勃勃的瞬间，我们通常会害怕起来……我们会感到害怕、软弱和震惊……我们既怕正视自己最低的可能性，同时又怕正视自己最高的可能性。”

“约拿情结”是一种看似十分矛盾的现象。人害怕自己最低的可能性，这可以理解，因为人人都不愿意正视自己低能的一面。但是，人们还会害怕自己最高的可能性，这很难理解。但这的确是存在的事实：人们渴望成功，又害怕成功，尤其害怕争取成功的路上要遇到的失败，害怕成功到来的瞬间所带来的心理冲击，害怕取得成功所要付出的极其艰巨的劳动，也害怕成功所带来的种种社会压力……

“约拿情结”，说透了就是不敢向自己的最高峰挑战。但如果我们逼迫自己勇攀最高峰，总有一天就会发现：所有我们以往畏惧的东西，都会被我们踩在脚下！别害怕被拒绝，不试哪知行不行。哪怕只有百分之一的希望，也值得你去试一试。

许多潜能被压抑，许多应有的业绩没做出来，都是由于没有尝试之前就先行否定了！

勇敢地去尝试吧，不试哪知行不行！

别害怕被拒绝，也许别人期待着你的出现！

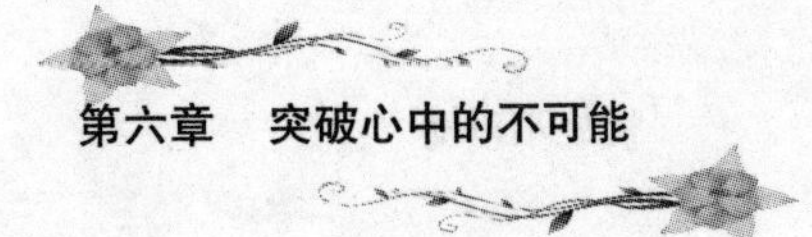

把“我不行”改为“我能行”

当“入口”被堵死时可以考虑一下“出口”。“入口”还是“出口”不过是个标志，关键在于它是畅通的。

世上常有这样的情况，一般人看起来不可能的事，认为根本不能办到的事，只要稍微改变一下思路，就会发现成功原来隐藏在不可能的背后和我们捉迷藏。而人类历史上几乎总能不断地出现拥有这种特殊思维的人，进而不断地创造出奇迹。人之所以是高等动物，就在于它的智慧性和创造性，倘若丧失了这一点，就和猴子猩猩没什么区别了。

所以说，不管是日常生活中还是创业征途上，要取胜，就必须掌握变化，采取反常策略，及时转换思维，才能在任何环境下处于不败之地。每一件事情都有其两面性，而每一次交易也都会有满足和不满足的因素在内，双方产生一些分歧在谈判中是非常正常的事情。但是，有时候谈判会遇到一些故意刁难者，或者出现一些突发性的情况。在谈判中，如果遇到紧急情况或者对手故意刁难而不能顺利解决，不能从正面予以回答时，谈判手就可以从反向角度即倒过来想想看，有时则能取得意想不到的效果。

美国谈判专家尼尔伦伯格曾与他的合伙人一起去参加某家飞机制造厂的拍卖，该工厂属政府所有，总务管理局决定，拍卖时谁开价最高就卖给谁。合伙人弗莱德和尼尔伦伯格商定，在充分估算其资产价值的基础上决定出价37万美元买进。在拍卖现场，已有百余人捷足先登。竞价开始后，尼尔伦伯格开价10万美元，紧接着就有人加到12.5万美元，待尼尔伦伯格再叫到15万美元时，又有人加到20美元。这时，弗莱德不再应叫，尼尔伦伯格大惑不解。

在场外，弗莱德解释说，他读了出售通告，按照此次拍卖规则，如果政府认为出价不够高，就将拒绝出售。他们的出价在投标者中位居第二，所以拍卖人一定会来和他们联系，告诉他们，那个20美元的报价已被否决，问他们是否愿意再报一个价。到那时，他们就可以出个较高的价，同时要求政府做出一定的让步。弗莱德的估计一点儿不错，在不到一周的时间里，上述几件事一一发生。

由此不难看出弗莱德逆向思维的效应。如果他们一味在卖场上与竞争对手较量，很可能突破预定的37万美元的最高价，从而失去收购的机会。而采取逆向思维的做法，不仅控制了价格，还成功地收购了该厂。这种思维方式真是太神奇了。

虽然我们只拿了谈判做例子，但其实生活中遇到其他问题时处理的办法也不尽相同。当我们顺着某一个方向的思路不能解决的时候，不妨换一个思路，也许就会柳暗花明又一村。而反向思维就是一个当正常的思路打不开局面时最为理想的思路。可能本身就是一个神奇的东西，它从哪个方向来，谁也控制不了，但我们可以给自己的思维做个引导，让它换个方向，这样就有可能获得意想不到的良好效果。

发明电话的贝尔最初并没有明确“电话”这个概念，他当时还没有想到要发明电话，那时他正在努力于另外一个目标。最初他在一所学校当教员，后来和一个学生结了婚。几年之后，他想发明一种用电的工具，目的是想让他的妻子听到他的声音。结果，当他在试验的过程中，发明了电话。

生活中的很多可能都是人为创造出来的，当然这其中有成功的也有失败的。在只相信可能性的存在，但没有既定目标的前提下，可能依然会发挥它神奇的作用，因为你并没有因为不明确而放弃可能的存在，只不过是换了一个追求的方式而已，所以反向的可能、不确定的可能都有可能带来积极而正面的效果，获得成功。

成功的可能性向来是出人意料的，而正是这种出人意料才使得你的成功显得与众不同。

去除“习得的无力”，打破“橡树盆景”，你就会发现生命可以海阔天空！

生活中最大的遗憾是由于缺乏自信心而与机会失之交臂。

回想一下过去的你，曾经是否有过这种自己打败自己的经历？再正视一下现在的你，还存在这样的缺陷吗？

如果你想改变这种状态，不妨借鉴一下下面这位年轻编辑的经历。

三年前，她是一位大四的学生。暑假前夕，有一家美国机构的中国区总裁，到她所在的大学做了一场大型讲座。讲座十

分出色，激发了她许多想法。她一边听讲座一边根据感受写了一篇文章，讲座结束时，她突然有一个冲动：把自己写的文章送给那位老总看看。

这个念头一出现，她立刻又犹豫了："我行吗？不会丢脸吧？"

但转念又一想："丢脸就丢脸吧，反正以后可能再也见不到他了！"于是在众人的"围困"之中，她把这篇文章交给了老总。没想到，两天之后，她突然接到了这位老总打来的电话，告诉她这篇文章写得很好，希望她写出更多这样的好文章。

不久，她开始实习了。她突然又有了一个想法：去北京实习，将来到那里发展！可在北京，她没有熟人，唯一认识的就是这位老总，于是想，能不能找找他？这时，她又一次有了畏惧的念头，那个"我不行"的想法，又像蛇一样地在她心中抬头了。但是她还是一咬牙，向这位老总表达了自己的愿望，并希望他帮忙联系一个新闻出版单位。

没想到，这位日理万机的老总，对她这种主动精神十分欣赏，很快帮她联系到一家著名的报社，并鼓励她发挥特长，走向成功。不到两个月的实习，她便发了好几篇有分量的文章。在实习表上，报社给了她非常好的鉴定意见。毕业时，这份鉴定和她发表的文章，对她应聘起到了很积极的作用，北京一家出版社很快录用了她。

在一次交谈中，她向我讲述了这段经历，然后感慨地说：当初开口请这位老总帮忙，是经过很多次心理斗争的。一方面想到这位老总是位“大人物”，怎么可能给一个刚刚认识的学生帮忙？于是便打起了退堂鼓。另一方面，她又想：不试试怎么能知道？最终，勇气还是战胜了胆怯。没想到，事情一下就成了。她说：“幸亏自己没有被当初的念头束缚住。否则，即使是这样的一个梦，也难以实现了。”

这样的成功体验，后来被这位大学毕业生全部用在了工作中。不论是编稿、约稿，还是处理别的业务，一遇到有问题想打退堂鼓的时候，她总会对自己说：“要成功，就要在自己的字典里删除‘我不行’这句话！要时刻觉得“我行！我行！我一定行！”

正因为有着这种改“我不行”为“我能行”的坚定信念，她做得十分出色，很快成为单位的骨干，三年的时间就成了行内有名的年轻编辑。

这个故事，对所有面临问题想要退缩的人来说，都应该有借鉴作用：我们之所以不成功，不是由于别人否定我们，而是自己否定了自己；不是“我不行”，而是由于我们本来行，却偏偏要对自己说“我不行”。我们没有被生活打败，却被自己心里的灰暗念头打败！其实，很多时候，只要你带着自信去敲门，就会发现它比你想象得更容易打开。

不要害怕讥讽

优秀的员工从不害怕别人讥讽和嘲弄，害怕流言蜚语，这种恐惧心理会导致他们不敢说话、不敢做事、不敢冒险、不敢前进。他们等待又等待，希望有一种神秘的力量，可以释放他们，并给予他们信心与希望。

优秀的员工总是鼓足勇气铲除一切阻碍、束缚自己的东西，走进一个自由而和谐的环境中，这是他们事业成功的第一个准备。

在许多公司员工的天性中，往往受着束缚，以致不能得到自由去做成原来可以做成的大事。我们为人一世，所做的大多都是卑微渺小的事；但假如我们能够铲除一切阻碍、束缚我们的东西，则可能成就伟大、恢宏的事业。

投资大师索罗斯有句名言：“当每一个人都有相同的想法时，每个人都错了。”有很多人，本来有自己的想法，因为害怕被人耻笑，害怕在常人的潮流里逆行，所以就放弃了可贵的独特思想。当有人践行了自己的设想，成功地跑在了他的前面时，他又追悔莫及。年轻人应该知道，这个社会欢迎特立独行的人。

不少人虽然心中有志于成功，然而却不肯努力地去求得成功。显然，他们过多地信任“幸运”了。试着去问问那些曾在世界上成就过大事业的人们，他们伟大的力量、广阔的心胸、丰富的经验，究竟是从哪里得来的？他们会告诉你，那是奋斗的结果；他们将告诉你，他们的成功全在于挣脱不良的环境，斩除束缚他们的桎梏、求得教育、脱离贫困、执行计划、实现理想的种种努力中，获得了他们最良好的纪律训练和最严格的品格训练。

有愿望而不满足，有志愿而被阻碍，这足以使人丧气。这可以摧残人的能力，磨灭人的希望，打破人的理想。这可以使人们的生命成为一种空壳，一张不能兑现的支票。

在员工没有将他生命中的最高、最好的东西发挥出来，没有将他的天赋异禀充分发展以前，我们不能相信他的生命是可以称为幸福、快乐的，不管他处境怎样。

一个按照自我愿望行动的平常人，可以胜过一个处处受束缚的天才。

不管待遇怎样丰、报酬怎样厚、地位怎样高，你千万不要从事一种不容许你自由、光明地做事的工作，你不应让任何顾虑钳制住你的舌头，左右你的意见！你应将自由自主作为你的神圣不可侵犯的权利，且任何顾虑都不能使你放弃！

一个有作为的员工，如果不幸丧失了他的行动、言语、信仰的自由，这损失有什么东西可以补偿？一个本来可以光明正大、昂首阔步地生活的人，却甘于屈志降心，仰人鼻息，匍匐钻营、胁肩谄笑以度过一生，这种损失是金钱能够补偿的吗？

能上能下的马佐尼小姐，是一位食品包装业的市场行销专家，她的第一份工作是一项新产品的市场测试。她告诉班上同学说："当结果回来时，我可真惨了。更糟的是，在下次开会提出这次计划的报告之前，我没有时间去跟我的老板讨论。

"轮到我报告时，我真是怕得发抖。我尽全力不使自己精神崩溃，而且我知道我决不能哭，不能让那些以为女人太情绪化而无法担任行政业务的人找到借口。我的报告很简短，只说因为发生了一个错误，我在下次会议前，会重新再研究。

"我坐下后，心想老板定会批评我一顿。

"但是，他却谢谢我的工作，并强调在一个新计划中犯错并不是很稀奇的。而且他有信心，第二次的普查会更确实，对公司更有意义。

"散会之后，我的思想纷乱，我下定决心，我决不会再一次让我的老板失望。"

"良言一句三冬暖，恶语伤人六月寒。"语言的影响力如此之大，掌握了言辞的魅力，便能让你的处世之道畅通无阻。

卡耐基认为，假使我们是对的，别人绝对是错的，我们也会因让别人丢脸而毁了他的自我。传奇性的法国飞行先锋、作家安托安娜·德·圣苏荷依写过："我没有权利去做或说任何事以贬抑一个人的自尊。重要的并不是我觉得他怎么样，而是他觉得他自己如何，伤害人的自尊是一种罪行。"

观察你自己与周围的人，记下有多少交往用于批评。为什么？因为谈论别人做得如何，显然比自己去做容易得多。世上真正的身体力行者没有时间去批评人，因为他们太忙，有太多事要做。他们会去帮助那些能力差的人，而不是去批评他们。

人们往往误以为“基于好意才责骂”，却不知道这样的行为会把对方的自信摧毁，使人自惭形秽。他们自诩为“好意”，其实是给自己的行为找借口，把错误和挫折的焦点从他们自己身上移开。真正善意的批评应该能使人豁然开朗，将来做事更有能力。好意的批评不是为了报复，更不是为了出气，而是为了帮助别人。

我们每一个人，正如你所遇到每一个成功的人，都遭受过别人的批评。不论你从事什么职业，你越成功，遭受的批评就越多。只有那些永无作为的人才能避免批评。

世人对佛的尊崇，曾经引起一个人的不满。一次，这个人竟然当着释迦牟尼的面辱骂他。

可是，不管他骂得多么难听，佛祖都不言语，没有理他。当他骂累了，佛祖就问他：“如果有人想送礼物给对方，对方不肯接受，那么，这份礼物该给谁呢？”

“当然应该还给送礼的人哪。”这个人不假思索地回答。

佛祖接着又说：“是啊，就像现在，你把我骂得一文不值，但是如果我不接受的话，这些责难又该给谁呢？”

这个人无言以对，顿时感到自己的浅薄与无知，他马上向佛祖道歉，请求他的原谅，并且发誓以后再也不诽谤他人了。

“为什么某某总是和我作对？这家伙真让人烦！”“某某总是和我抬杠，不知道我哪里得罪他了！”在办公室里常常能听到这样的话语。这些话语是职场中的“软刀子”，是一种杀伤性和破坏性很强的武器，这种伤害可以直接作用于人的心

灵，它会让受到伤害的人感到厌倦不堪。要是你非常热衷于传播一些挑拨离间的流言，经常性地搬弄是非，会让公司里的其他同事对你产生一种避之唯恐不及的感觉。要是到了这种地步，相信你在这个公司的日子也不会好过，因为到那时已经没有人把你当回事了。

有的人在白天工作时受到上级毫无道理的一顿批评后，喜欢晚上约个同事小喝一杯，然后向同事发牢骚，借着酒气，对上级大肆抱怨起来。类似这种事情一定要避免。不论多么值得信赖的同事，当工作与友情无法兼顾的时候，朋友也会变成敌人。在同事面前批评上级，无疑是给别人留下把柄，终有一天你会深受其害。

如果你确实知道一个人错了，你又唐突地告诉他，结果会怎样？我们可以从下面的故事中得知。

S先生，一位纽约青年律师，最近在美国最高法院为一个重要案件辩护。这个案件涉及大量资金和重要法律问题。

在辩论中，最高法院的一位法官对S先生说："《海军法》限制条文是6年，是不是？"

S先生停住，注视某法官片刻，然后唐突地说道："审判长，《海军法》中没有限制条文。"

"法庭顿时静了下来，"S先生在叙述他的教训时说，"室内的温度好像降到了零摄氏度。我是对的，这位法官是错的，我却当众告诉了他。但那样会使他友善吗？不，我相信我有《海军法》作为我的根据，而且我知道我那次说话的态度比以前都好，但我没说服他。我犯了大错，当众告知一位极有学

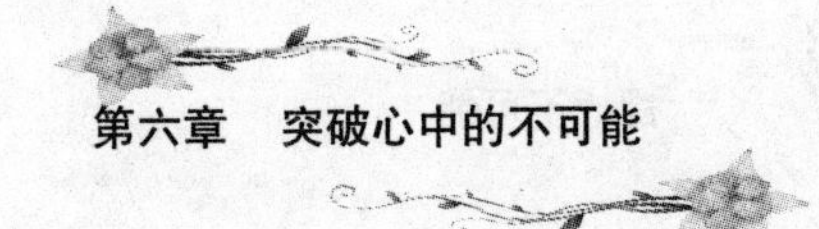

问的著名人物：他错了。”

此外，你的批评是否成功，很大程度上取决于你采用的态度。没有人喜欢被批评，不要相信“闻过则喜”。如果你一味地指责别人，你将会发现，除了别人的厌恶和不满外，你将一无所获。然而，如果你能够让对方感觉到你是来解决问题、纠正错误的，而不是仅仅来发泄你的不满，你将会获得成功。这里有几点小建议：

1.批评宜在私下进行

被批评可不是件什么光彩的事，没有人希望在自己受到批评的时候召开一个“新闻发布会”。所以，为了被批评者的“面子”，在批评的时候，要尽可能地避免第三者在场。不要把门大开着，也不要高声地叫嚷让许多人都知道。在这时候，你的语气越温和，越容易让被批评的人接受。

2.不要很快进入正题

不要一上来就开始你的“牢骚”，尽量先创造一个尽可能和谐的气氛。做错事的一方，一般都会本能地有种害怕被批评的情绪。如果很快地进入正题，被批评者很可能会产生不自主的抵触情绪。即使他表面上接受，却未必表明你已经达到了目的。所以，先让他放松下来，然后再开始你的“慷慨陈词”。记得有句话说得很好——吻后再踢，这样才能达到比较好的效果。

3.对事不对人

批评时，一定要针对事情本身，不要针对人。谁都会做错事，做错了事，并不代表他这个人如何如何。错的只是行为本身，而不是某个人。一定要记住：永远不要批评“人”。

不要气馁

人们最为敬佩的是那些在面对困难、在经受了重大挫折但是并没有因此倒下，最终能够站起来，克服了重重困难取得成功的人！坚韧是公司员工必须拥有或者是必须要学会的优秀品质。

在自然界中，狼的一生是充满艰辛的。在野外，一只狼可以存活13年，但大部分狼只有9年左右的寿命。然而，动物园里的狼，其寿命通常都会超过15年。显而易见，狼群在野外的生活肯定是万分艰辛，并且处处充满凶险。

生活在野外，狼就必须互相争夺食物和领地，因为狼群只能在自己的领地内进行生活、捕猎，领地的大小根据它们捕食对象的多少而有很大变化。这种情况取决于这个地区的猎物数量。在猎物分布较密集的地方，狼不必奔袭很远便可获得一顿美餐。在较荒凉的栖息地，由于只有少量的猎物存在，狼则需要跑很远的路才能猎得食物。

在狼的世界里，“适者生存”的大自然法则持续运行着，如同最虚弱的美洲驯鹿为狼所捕获一样，最虚弱的狼也会消

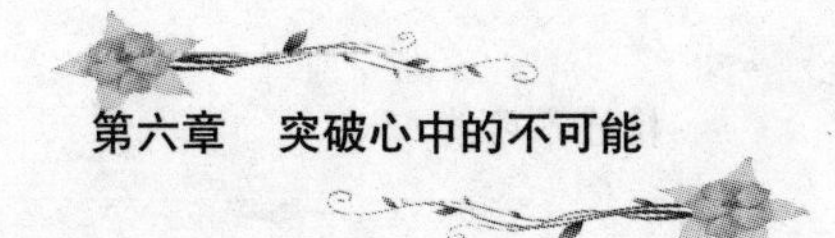

失。狼的生存主要依托战胜对手、吃掉对手的方式，否则会被饿死。而捕猎是危险的，狼在捕获猎物的时候，常常会遇到猎物的拼死抵抗，一些大型猎物有时还会伤及狼的生命。研究表明，狼捕猎的成功率只有7%~10%。

一旦捕猎成功，狼还必须警惕其他想不劳而获的动物的袭击。这些动物还经常袭击、捕杀狼的幼崽。狼必须时刻警惕来自不同方面的侵袭。最后，狼还必须与人类抗争，人类无疑是狼繁衍生存的最大威胁。

正是在这种险恶的环境中，狼才得以战胜对手，成为陆地上食物链的最高单位之一。

对于人类来说，困境是产生强者的土壤。但在生活中，有很多人只会抱怨环境恶劣，把逆境当成魔鬼，从而不知道如何从逆境中奋起，不知道只有逆境才能磨炼出强者。

美国陆军在沙漠里训练，一名军人的妻子随军来到这里。她十分不喜欢这里的环境，就在写给爸爸妈妈的信中抱怨了这一情况。后来，她的妈妈在回信中给她讲了这样一个故事：在美国俄亥俄州阿克平原市的贫民窟里，私生子詹姆斯刚一出生就意味着要活在别人的白眼中。母亲格里亚·詹姆斯16岁就生下他，在没有生下儿子之前，她是贫民窟公认的坏女人。詹姆斯不知道自己的父亲是谁，母亲从来没有提起过。从记事起，没有孩子愿意和他一起玩，他们一边喊着“打死你这个没有爸爸的野孩子詹姆斯”，一边远远地朝他身上扔泥巴。他一边左右躲闪，一边狼狈地朝后退，结果一下子掉进背后的臭水沟里，全身又湿又臭。

这样的欺侮每隔几天就会上演，他只是别人眼中的小丑和笑料。随着年龄的增长，詹姆斯骨子里的自尊开始慢慢滋生。终于有一天，当一个白人中学生用满口脏话问候他的父母时，忍无可忍的詹姆斯爆发了，他握紧了自己的小拳头。

尽管年小力弱的他拳头砸在别人身上软绵绵的，但却吹响了他迎接挑衅的号角。高出他一头的白人学生的拳头无情地落到他的头上。这一次，詹姆斯没有感到害怕，他高高仰起头，无畏地用自己所有的力量去回击。白人学生害怕了，朝他扔了一块小石头，然后跑了。詹姆斯感到自己脸上火辣辣的，一摸原来是血，那块石头击中了自己的额头。那一刻，他甚至有些高兴：原来自己身体里的血液也是鲜红的，和其他人一模一样，自己并不低贱。

那天晚上，詹姆斯久久难眠，他觉得自己白天做了一件勇敢而伟大的事。他翻开一本故事书，看到了这样一个故事。古老的战争年代，一个女人到沙漠中去探望军营中的丈夫。不久，丈夫被派出差，剩下她一人。看着满地的黄沙，孤苦难耐之下给家里写信倾诉。父亲的回信只有两句话："两个人从监狱往外看，一个人低头看见烂泥，一个人抬头看见星星。"詹姆斯眼前一亮：基因、肤色和环境也许无法改变，但你可以左右自己的心态和行动。他翻身下床，兴奋地在本子上写下："用勇气面对现实，正视不公，迎接挑战，做真正的强者和英雄。"

从第二天起，詹姆斯开始拼命地学习，拼命地奔跑，拼命地锻炼力量。直到有一天，他在电视上看到了高高跳起扣篮的

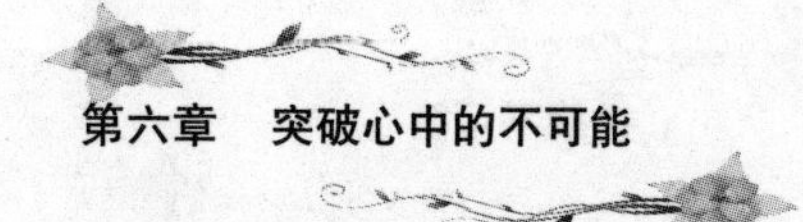

"飞人"乔丹，他的内心有了一条笔直的人生道路。詹姆斯开始疯狂爱上了迈克尔·乔丹，爱上了23号，爱上篮球，他的墙上贴满了飞人乔丹的海报。14岁时，他身高就已经达到了1米93，肌肉也发育得非常强壮。

走出苦难，他的人生翻开了另一副牌，写满辉煌与奇迹。2002—2003赛季，他带领俄亥俄州的圣文森特圣玛丽高中篮球队取得25胜1负的惊人战绩，参加了四次高中联赛，三次获得州冠军，高中时候的詹姆斯就当选了美联社的"俄亥俄州篮球先生"。2003年NBA克利夫兰骑士队毫不犹豫地选中了"状元秀"詹姆斯。这是第一个在还没有进入NBA就拥有了一份天价赞助合同的球员。湖人资深教练杰克逊甚至断言："他将是联盟中50年难得一遇的旷世奇才。"

他就是篮球王国里的小皇帝勒布朗·詹姆斯。现在的詹姆斯已经是克里夫兰骑士队的绝对核心，22岁的他第四次入选了全明星阵容，并获得MVP，成为最年轻全明星赛最有价值球员。2009年，詹姆斯荣登常规赛最有价值球员。

只有抬头，才能看见满天星星；只有行动，才能追逐梦想；要自尊、自信，要相信自己，其实你的血液和别人一样鲜红。你不勇敢、不积极、不快乐的话，那你就在心中设置了一座牢狱，自己给自己判了无期徒刑。

这个故事使军人的妻子恍然大悟。从此她试着改变自己对生活的态度，不再对土著人敬而远之，而是接近他们，用手势和他们交流。当她把饼干送给土著居民时，土著人也送给她一些漂亮的贝壳，这让她感到十分快乐。回到美国后，她不仅举办了一个贝壳展览，还写了《快乐的城堡》一书来纪念她在沙漠里的快乐生活。

一切都还是原来的样子，沙漠不曾改变，土著人也不曾改变，只是她的心态变了，快乐也就来了。很多时候，客观环境无法改变，我们不得不选择适应。只要改变我们所关注的焦点、改变我们的心态，一切都将变得不同。

许多天才人物并不是天生的强者，他们的竞争意识与自我创新能力并非与生俱来，而是通过后天的奋斗逐渐形成。通过学习，谁都能有胆有识，敢于竞争，敢于创新。

不要因为弱小而不敢与人竞争，也不敢轻易创新。弱者有自己生存的方式，只要相信弱者不弱，勇敢面对敌人，我们同样能培养出竞争意识和自我创新能力。

在美国的一座山丘上，有一间不含任何有毒物、完全以自然物质搭建而成的房子，里面的人需要由人工灌注氧气，并只能以传真与外界联络。

住在这间房子里的主人叫辛蒂。1985年，辛蒂在医科大学念书，有一次到山上散步，带回一些蚜虫。她拿起一种试剂为蚜虫去除化学污染，却感到一阵痉挛，原以为那只是暂时性的症状，谁料到自己的后半生就毁于一旦。试剂内含的化学物质使辛蒂的免疫系统遭到破坏。她对香水、洗发水及日常生活接触的化学物质一律过敏，连空气也可能使她支气管发炎。这种“多重化学物质过敏症”是一种慢性病，目前尚无药可医。

患病头几年，辛蒂睡觉时口水流淌，尿液变成了绿色，汗水与其他排泄物还会刺激背部，形成疤痕。她不能睡经过防

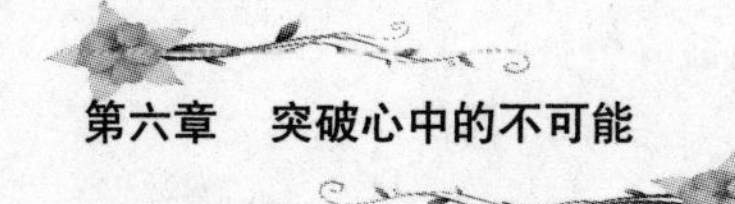

火处理的垫子，否则会引发心悸。辛蒂遭到的这一灾难所承受的痛苦是常人难以想象的。1989年，她的丈夫吉姆用钢与玻璃为她盖了一个无毒的空间，一个足以逃避所有威胁的“世外桃源”。辛蒂所有吃的、喝的都经过特殊选择与处理，她平时只能喝蒸馏水，食物中不能有任何化学成分。

八年来，35岁的辛蒂没有见到一棵花草，听不见悠扬的声音，感觉不到阳光、流水。她躲在无任何饰物的小屋里，饱尝孤独之余，还不能放声地大哭。因为她的眼泪和汗一样，可能成为威胁自己的毒素。

而坚强的辛蒂并没有在痛苦中自暴自弃，她不仅为自己，也为所有化学污染牺牲者争取权益而奋战。1986年，辛蒂创立“环境接触研究网”，致力于此类病变的研究。1994年再与另一组织合作，另创“化学伤害资讯网”保障人们免受威胁。目前这一“资讯网”已有5000多名来自32个国家的会员，不仅发行刊物，还得到美国上院、欧盟及联合国支持。生活在这寂静的无毒世界里，辛蒂却感到很充实。因为不能流泪的疾病，使她选择了微笑。

面对无法改变的现实，辛蒂选择了适应。生活在寂静的世界里，辛蒂选择了微笑面对，也由此收获了充实的人生。

自然界有一条定律，弱者有自己的空间。的确，无论强者弱者都有一套适应自然法则的本领，只要你认真地生活着，拥有自己的游刃有余的空间，充分发挥自己的优势，到那时，你的优势会弥补你的不足，你定能获得成功。

19世纪初，有一位将领在战场上吃了败仗，落荒而逃。

最后，他不得不躲进一家家传的草堆里。他躺在那里懊丧、愤恨、悲观失望，这时，他看见在草舍的角上有一只蜘蛛正在结网，眼看着它费好大的劲拉上的一根丝很快就被风吹断了，对此，蜘蛛丝毫没有放弃的意思，丝一次次地被吹断，它一次次地结，没有气馁，网终于结成了。将军看到这里，突然振作起来，难道我堂堂一个大丈夫还不如一个蜘蛛吗？于是，他冲出柴房加去重整旗鼓，最后在滑铁卢大败拿破仑，这将将军就赫赫有名的英国公爵惠灵顿。

相对而言，处于顺境中是幸运的，陷于逆境中是不幸的，甚至是一种厄运。逆境确实容易使人消沉，丧失斗志；顺境有利于人在良好的环境和心态下正常发挥自己的水平。

人生路上，我们不可能永远一帆风顺，时而有横亘在眼前的高山或沟壑，阻挡我们前进的步伐。既然环境难以改变，我们不如改变自己的心态，当我们以一种积极向上的心态看世界时，我们就会发现自己的世界竟然如此美丽。一个内心积极的人，永远不会被沮丧、失望、忧愁等不良情绪控制。他们会自动自发地克服困难，使自己始终保持乐观的心态和昂扬的斗志。积极的心态美化人生，消极的心态虚耗人生；积极的心态点亮成功的希望，消极的心态蒙蔽你寻找美丽的眼睛。

著名作家尼尔·奥斯丁先天残疾。一天，当他意识到自己的不同而陷入绝望时，他收到了父亲送的笔记本，扉页上写道：“这是一个古老的祷告——上帝啊，请允许我接受我不可更改的事实，请赐予我改变可以发生变更之事的勇气，还要给我区分两者之间不同的智慧。”奥斯丁正是受到这句话的启

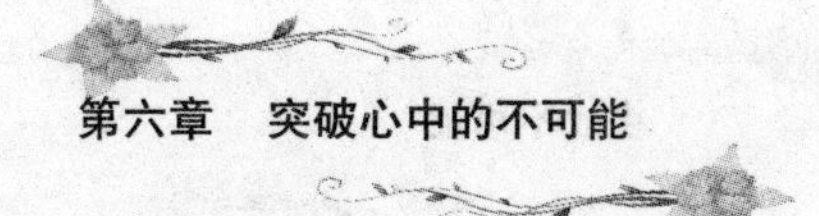

发，开始试着接受双手畸形的残酷事实，从而收获了成功的人生。

现实生活中，许多奇迹都是在厄运中出现，因为顺境容易让人舒服，顺境容易消磨斗志，容易让人不再有所追求，从而平平常常，无法杰出；而逆境能磨炼坚强的意志，激励人奋力拼搏，顽强奋进，有时甚至能够使自己的能力得到超常发挥，取得令人陶醉、令人向往的成就。

美国潜能成功学家罗宾说："人在面对人生逆境时所持的信念，远比任何条件都来得重要。"这是因为，当环境无法改变时，只有以积极的心态适应环境，才能走出困境。美国成功学学者拿破仑·希尔这样强调了心态的意义："人与人之间只有很小的差异，这个差异就是所具备的心态积极与否，然而，这个很小的差异却决定了你能否成功。"《鲁滨孙漂流记》中的故事脍炙人口，其中的生存智慧值得我们每个人学习，首要的一条就是面对险恶的环境，要有积极进取的心态，它是生命中的阳光和雨露，为我们驱走黑暗和阴霾，带我们走向阳光明媚的明天。

在逆境中崛起

好运所生的德行是节制，厄运所生的德行是坚韧。温室里的花朵经不起风雨的袭击；饱受风浪考验的海鸥却能够搏击长空。同理，处在顺境中的公司也许并非真正强大，处在逆境中的公司却能够不断地战胜危机，克服困难而顽强奋进，取得辉煌的成就，获得更大的成功。只要抓住逆境中的希望，并把它当作动力，就能够在逆境中崛起。

一个走夜路的人撞到了一块石头上，重重地跌倒了，他爬起来，揉着疼痛的膝盖继续向前走。他走进了一个死胡同，前面是墙，左面是墙，右面也是墙，前面的墙刚好比他高一头，他费了很大的力气也攀不上去。他忽然他灵机一动，想起了刚才绊倒自己的那块石头，就把它搬来垫在脚下。踩着那块石头，他轻松地爬到了墙上，轻轻一跳，他就越过了那堵墙。

石头就好像是人生中的挫折，有的人被绊倒了就是不愿意起来，一直生活在痛苦中；有的人被绊倒了，他选择绕开石头，一直在逃避生活；还有的人被绊倒了，把石头垫在脚下，他成功了。

把石头垫在脚下是人生的一种态度，它教人如何从挫折中

走出来，如何从幼稚走向成熟，如何为成功奠定基础。没有经历苦难的生命是不完整的，我们只要经历并克服了苦难，就能进入一片新天地。

人人都会遇到逆境，但是更多的人被绊脚石绊倒以后就再也爬不起来了，更不会像故事中的人一样，化不利为有利，把绊脚石变成垫脚石。对于困境，你变换一个角度去看它，它就不再是羁绊你的障碍。

那些不因一时的挫折而停止尝试的人，永远不会失败。处于逆境、陷于困苦时，你更要学会坚持，不要轻易气馁和放弃，这样才会从逆境中能找到顺境中的所没有的机会。

大约在半个世纪以前，一艘英国商船沉没于马六甲海峡，这艘从广州使出的船上载满古老中国的丝绸、瓷器及珍宝。15年前，一位名叫鲍尔的人偶然从资料上获此消息，便下决心打捞这艘沉船，他在深黑的海底摸索了漫长的8年，搜索了70多平方公里的海域，终于找到了海底的宝物。耗资是巨大的，打捞工作刚进行了30天，就用去几万元。两位最初的合伙人认定无望而离去；其中一位是鲍尔的好友，几次加入又几次离去，并一次次劝说鲍尔放弃这“疯子”般的念头。事后，鲍尔说他也曾经有过打算放弃的念头，每次精疲力竭的从海底潜回时他都想永远不再下去了，他甚至怀疑早年的记载有误，而且8年来他已耗尽巨资债台高筑，但他终于坚持到了成功的这一天。

天无绝人之路，不管你经历多少挫折、多少磨难，只要一直努力，在逆境中善于自处、锻炼自己、提高自己，你就一定会创造奇迹。即使上帝关上所有的门，也会给你留下一扇打开

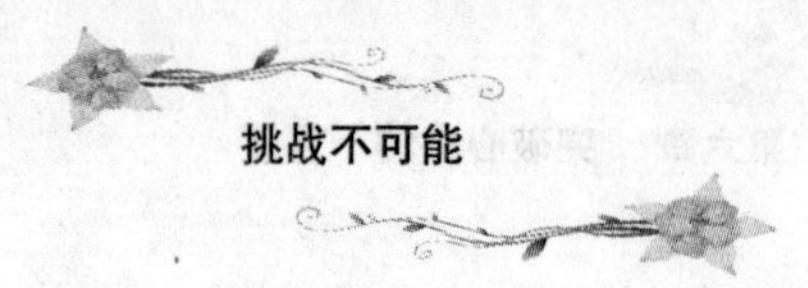

的窗，而你自己要具有永不言败的精神。

他是一个冷酷无情的人，嗜酒如命且毒瘾甚深，有好几次差点把命都给送了，就因为在酒吧里看不顺眼一位酒保而犯下杀人罪，被判终身监禁。

他有两个儿子，年龄相差才一岁，其中一个跟他老爸一样有很重的毒瘾，靠偷窃和勒索为生，不久也因犯了杀人罪而坐监。

另外一个儿子可不一样了，他担任一家大企业的分公司经理，有美满的婚姻，养了三个可爱的孩子，既不喝酒更未吸毒。

为什么同出于一个父亲，在完全相同的环境下长大，两个人却会有不同的命运？在一次个别的私下访问中，有人问起造成他们现况的原因，二人竟然是相同的答案：

“有这样的老子，我还能有什么办法？”

成长环境一样，但结果却完全不同，我们不禁会问：身处同样的环境中，为什么有的人成就了非凡的人生，而有的人却被环境所害？在生活中，我们总是说有什么样的环境就有什么样的人生。这实在是再荒谬不过了。影响我们人生的绝不是环境，而是我们对这一切持什么样的态度。面对人生逆境或困境时所持的态度，远比任何事都来得重要。

许多人之所以能够成功，就在于他们矢志不渝地追求目标，而不管别人如何看待。越是不可能的东西，越是身处逆境的挫折里，对他们而言越具有挑战性。威廉·李尔是世界航空业和电子界传奇式先驱者、发明家、飞行家、实业巨子、亿万

富翁，还有——“疯子”。李尔“疯”就“疯”在敢于不断地向逆境挑战。

当有一次他公开宣布他要制造一种新型的喷气式飞机时，航空界的专家们都不屑于发表评论，但他自己丝毫不管这些专家所判的“死刑”，仍然大搞特搞，而且预言：他的飞机将成为一泻千里的畅销品。结果，正如他事后得意宣称：“我造出飞机来了，飞机也飞起来了，我也把它卖出去了。”他的自信极其突出地表现在他勇于反抗嘲弄与反对，勇于克服逆境，横眉冷对那么悲观的评论，坚定的按自已的想法去行事。他做了世界上所有飞机制造商都认为绝对不可能的事！李尔充满了自信，他先做好了飞机的生产线，而后直接造出了飞机。这种做法给他节省了一大段研制生产的时间，使他的新型飞机总是能以极快的速度面世，从而获得高额利润。“这样的做法，你不是对极了，就是错极了”，李尔说，“而我是对极了。”

这就是逆境成才之人自信和意志所创造的奇迹，这就是他们与众不同的风采。敢于向逆境挑战，敢于向不可能问鼎，敢于独辟新径，花费大量的时间和金钱于一个不知前景的事业上去。而很多白手起家的人，他们都有超越现实的欲望，渴望能摆脱困境，把梦想变为现实。他们都是“疯狂”的人，都是兴风作浪的勇者。

曾经在华尔街呼风唤雨并担任美国财政部长的里甘出身贫穷，很多人只看到了辉煌的成绩，并猜疑着他的家庭背景如何优越。事实上，里甘出身贫穷，他是凭借自身的才学获得了奖学金，然后才有机会去哈佛深造的。

里甘从小便身处逆境，但他知道如何在逆境中抗争，如何不屈从命运的安排。里甘从来不认为家庭贫穷是多么难堪的一件事。当朋友问及他的出身时，他会毫不隐讳地告诉他们自己出身于贫困的农民家庭。担任美国财政部部长时他也是这样做的。里甘把贫穷作为自己奋斗的动力，他发愤图强，自励自勉，白手起家，终于在他的人生道路上确定了人生目标。

首先，逆境能提高个人的认知感受力。没有对事物深刻的认识，就无法进行创造活动，更难有作为。人在顺境中和在逆境中对同一事物所获得的感受是不同的。从某种意义上说，环境越是恶劣，给人带来的痛苦越大，越是能促进人进行反思和加深对事物的认识，并加速完成认识上的飞跃，从而开阔思路，产生新的见解，使创造性思维得以激活。出生在官宦之家的曹雪芹原本是一个纨绔子弟，整天只知道吃喝玩乐和儿女情长。后来由于家道中落，他被推向社会的最底层，过着十分贫困的生活，饱尝了人间的辛酸。而正是这种破败的境遇推动他认知感受力的提高，丰富了生活经验，激发了创作欲望，他最终写出了被誉为生活百科全书的文学名著《红楼梦》。

其次，一个处在顺境中的人，无论是物质方面的需要还是精神方面的需要都易于得到满足，因此，难以产生改善自己的愿望，成才动机也较弱；而一个处在逆境中的人，由于物质的匮乏和精神上的压抑，因此改善自己的愿望就强烈的多。他们力图通过自身的努力去改善不良的境遇，从而走上了成才之路。

里甘在哈佛大学与肯尼迪是同学，两个境遇不同的人偶然

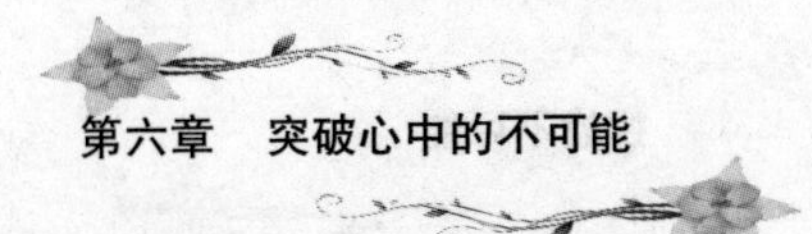

相遇。处在逆境中的里甘看见处在顺境中的肯尼迪家世显赫，家财万贯，遂萌生了生财欲望，决定靠自己勤劳的双手、智慧的头脑闯出一片天空，里甘的愿望最终实现了。

再次，逆境能增强个人挫折承受力。艰苦的生活环境，充满不幸和挫折。有苦难生活经历的人，由于经常与不幸和挫折打交道，所以具有较高的挫折承受力。这种人在进行创造活动时，能经受住失败和挫折的考验，易于获得成就和成为人才。发明大王爱迪生出生在一个贫穷的农民家里。他没有受过正式的学校教育，很小就帮助家里干活。8岁时就能自己种菜并能挑到街上去卖。他12岁开始打工，到城市和火车上卖报纸，饱受艰难生活的磨炼，培养出了较高的挫折承受力。而这种良好的意志品质使他受益终身。爱迪生一生中的发明共1300多项，而每项发明的成功都是经历百次、千次甚至上万次的失败，最后才取得成功的。

里甘也许没有像爱迪生那样有千万次的失败，但出身同样贫穷的里甘和爱迪生一样从逆境中奋发出来，否则里甘怎么会有从家徒四壁到华尔街大亨的辉煌转变呢？在里甘看来，贫穷没有什么可怕，正是他面对贫穷的良好心态成就了他的成功人生。同样的事情，你从不同的角度去看待它，用不同的思维方法去研究它，便会得出全然不同的结论。年轻人应该有这样的认识：没有经历过苦难的生命是不完整的，苦难能成全人生。逆境是我们通向成功所必须经过的考验和磨炼，我们只要经历并克服了他们，就能进入一片新天地。

就像真理一样，创造性思维能让你获得自由。你的思维越

富有创造性，你就越不用完全依靠努力工作来取得成功。在这个世界上没有什么东西会比具有想象力的项目产生的长远收益更大。这是创造性成为成功者生活方式中的基本要素。

第七章 行动就有可能

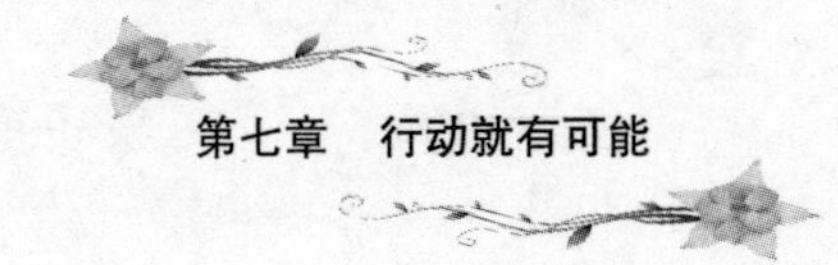

现在就行动

世间急需这种人才：在任何情况下都能克服阻力，用实践行动完美地完成任务的人。

行动，不停地行动，就是对坚持最好的诠释。

说得好不如做得好，承诺任何目标都需要行动去为它们正名，这样它们才有存在的价值。所以目标一旦明确下来就要开始行动，而且要锲而不舍。

再长的路，一步步也能走完；再短的路，不迈开双脚决然无法到达。目标一旦明确就要开始行动，而且要锲而不舍。实践履行自己承诺的过程，是需要极大的恒心和毅力才能完成的人生任务，虽然艰苦，但是一旦很好地完成它，你的人生就上升了一个新的境界，与众不同。

德田先生是在日本大阪大学附属医院就诊时确定了要上大阪大学医学系的。这一目标定下来之后，他就立刻付诸实践。

当天下午，他就到北野高中联系转学事宜，却没有成功，他没有放弃，第二天他又到宫城高中联系，结果联系成了，他马上回家向父亲表明转学的意愿，征得父母同意，实现了他的第二个目标。德田是一个认准了目标就一往直前的人。大阪大

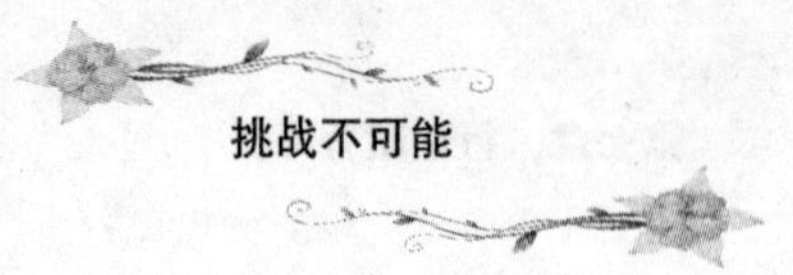

学医学系毕业以后，他当上了医生。在医院工作期间，德田对医疗界的弊端感触尤为深刻。他认为要想改革日本医疗事业的现状，就必须建立不受宗派势力支配的新型医院，并以此体现医疗的真正作用。

于是，德田先生决定自己办医院。目标一定下来，他就立刻行动起来。他既没有资金，也没有抵押品和保证人，一切都要从零开始。但是，德田先生没有被困难打倒，开始了艰苦的奋斗。

1971年1月，德田先生开始有了正式创办医院的设想，从那时起，他用了3个月的时间，完成了对建筑用地的调查，德田不仅从数字上掌握了大阪的单位人口与诊疗所及病床的比例、急救车的市郊出动率、住宅患者的循环周期等实际状况，而且还认真地听取了居民的呼声。为此，他利用值夜班后的休息日和下班后的时间到处奔走。

到了5月份，他在靠近铁南大阪线的河内天美车站的对面找到了一处非常适宜的地皮。这不是准备出售的土地，而是一块卷心菜地。它位于铁路沿线，而且离火车站很近，人们在火车站就可以看见这个地方。作为医院的地址，条件很好，土地的主人也很通情达理，愿意把土地卖给他做医院。

可是，德田当时连买地的定金都没有，现在最紧要的问题就是筹措资金。在德田的建院计划里，地皮、建筑、设备、医疗器械等在内，预算总额为1.6亿日元。可是德田自己既没有私人资金，也没有可抵押的东西，连个有钱的保证人也没有。他到银行贷款，没有人贷给他！如果贷不到款，虽然好不容易得到卷心菜田主人的照顾，一切还将化为泡影。

“我要办医院，我要办医院”，德田一边想，一边从这家银行跑到那家银行，四处奔波。可哪家银行都不愿为他贷款。德田深感徒劳，但他想到或许有一家银行会贷款给他。于是他就抱着一线希望详详细细地拟定了一份建院所需1.6亿日元资金的收支计划，一直忙到深夜。

可能，也许是德田诚心感动了天地了吧。8月又开始每天去银行，连新设的支行都找遍了。因为新设的支行业务较少，说不定对德田的话感兴趣。德田终于在新设的支行中，找到了一家似乎有点指望的银行。他立即把建院的收支计划递了过去。在计划里不仅注明了单位人口所需床位数，包括现有床位数、不足床位数、外地患者住院人数，还注明了请求保险单的单价、设备、偿还等筹款项，连当地居民生活的生活状况也写得详细具体。“就是银行调查也没有这么详细的。”对于德田那详尽的资料，银行方面也感到惊讶。因为对方所需要的各种数据，在德田那份随手提出的计划里，可以说是应有尽有，绰绰有余。也许是同意这份计划吧，关于贷款的交涉进展得颇为顺利。也就是说，那时，德田抱着一线希望，毫不灰心地制订的计划起了作用。到了当年年底，德田终于得到了购买地皮用的1800万日元的贷款。

从德田的创业借款过程中，我们不难体会到：正因为他立即付诸行动，并制订了详细的计划，使得自己获得了银行的信任，他的所有努力才没有白费，所以具体的实践可以帮助我们兑现承诺，帮助我们走向成功。

正因为未来是难以估量的，我们才要对自己的人生更加的负责，用现在的实际行动来为未来的生活铺路。人存于世间，应时时具有实践意识。实践是检验真理的唯一标准，也是换取成功的不二法则。

美国有一个州政府（具体哪个州我记不清了）曾设立过一个“立刻办事中心”，把市民的投诉马上进行处理，一度被传为佳话。这种一反政府办事习惯的举动，使得全国报纸杂志争相报道，各地方自治社团纷纷前来参观。

出现这种盛况的原因是，一般人们会觉得公务员办事效率低下，做事拖拖拉拉。但权高位尊的政府机构让一般老百姓对之无可奈何。如果企业也这样办事，那肯定会失去与别人竞争的能力。若这个企业没有办法给予我们最短时间内满足订单上的要求，我们就会立刻开始与下一个公司洽谈。时间是非常宝贵的，你要想使交易成功，就必须能够满足客户的要求。最高效地处理完事务，是与客户洽谈业务的最基本要求。

你必须养成尽可能地完成手边工作的习惯，我们在做事情时，需要有一种事情没办完就无法安下心来，一个问题没有被解决掉就难以心平气和地坐下的工作态度。

在工作上，不性急是不行的。今天上司交给你一件看起来不是很急的事情，明天他一定会问你事情办好了没有。你可能会认为上司太过急于求成了，其实这只是你与上司之间在时间观念上的差异。上司如果不性急，他是不大可能在这个竞争激烈的社会中取胜的，也很难成为你的上司。一天有24小时，这对每一个人来说都是公平的。但这一天在每个人记忆中又都不

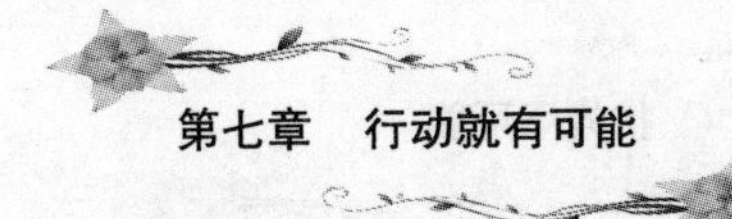

是一样的，有的人过得十分充实和愉快，回忆起来十分难忘；有的人却过得非常难受，度日如年，往事不堪回首。例如，看了一场让自己感动万分的电影，与自己非常喜欢的异性约会，和好朋友到外面玩，这样的时光是最使人快乐、难忘的，即使多年后你仍能记起；而那些让你痛苦的事情，让你不愉快的经历，你是很难再去想起来的。

工作上的时间意识也会与上述的感觉类似。那些平日以分和秒为时间单位的上司们，在处理事务时总觉得时间不够用，上班时间一下子就过去了。但在总结一天的收获时，才发现原来这一天干了那么多事情。甚至往往会认为上午做的事情是昨天完成的，而昨天的事情是几天前做的。因此，他们才会常常在昨天交给下属一件事情，今天就问是否做完了，这是因为他们觉得那件事情好像是两三天前已经布置下来了。看来，要赶上上司的工作节奏，就应该学习好上司工作时的时间意识。

在一个企业中，主管们尤其是身居高位要职者，更是办事绝不拖延的典范。往往他们只要一想起什么事情就立刻给下属们下达指示，即便他们在开会，也会立刻将其叫出来。我们经常碰到这样的情况。一次我要去外地出差，上司突然给我打来电话，我以为是什么大事，便郑重地去了，此后才发现事情远没有我想象的那么重要。

“立刻行动，绝不拖延”的好处，不仅在于避免忘记应该处理的事情，还在于能起到“趁热打铁”的作用。“趁热打铁”就是在身上的热情却还没有消退时，马上投入行动，把事情在强烈的推动力的作用下解决掉。如果总是一再考虑，等到自认为时机已经成熟时，身上的热情已经冷却了，身上的动力也消失殆尽了。

英文中有句谚语：One of there days is none of these days。中国也有句名言叫“择日不如撞日”，说的就是立刻行动，绝不拖延。万事开头难，但如果能趁着满身动力时就开始行动，我们会发现，事情会越来越好做的。

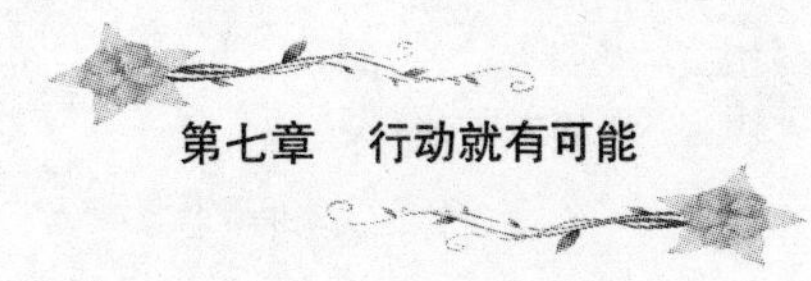

行动是梦想的催化剂

梦想只是美丽的彩虹，行动才是灌溉的雨水。当我们备好行囊，准备向目标出发时，下一个关键就是行动。

阿·安·普罗克特说：“梦想一旦被付诸行动，就会变得神圣。”

“做”才是一件事情成功的关键。人生事业的建立，不在于能知，而在于能行。地球上，每分每秒，有太多人把自己苦思冥想的计划取消或者埋葬，不敢付诸行动。等别人开始行动时，自己又后悔。所以说，当你拥有梦想时，无须等待，再多的心动与向往也不如立即行动来得实在。

命运的轮盘就在自己每天所做的事情中旋转，只有行动，才能让梦想变成现实。

行动不一定成功，不行动一定不会成功。只有敢于付诸行动并且勇于负责的人才能够获得成功。

安东尼·吉娜是目前美国纽约百老汇中最年轻、最负盛名的年轻演员之一，她曾在美国著名的脱口秀目《快乐说》中讲述了她的成功之路。

几年前，吉娜是大学里艺术团的歌剧演员。在一次校际演

讲比赛中，她向人们说出了自己的梦想：大学毕业后，先去欧洲旅游一年，然后要在纽约百老汇中成为一名优秀的主角。

当天下午，吉娜的心理学老师找到她，尖锐地问了一句：“你今天去百老汇跟毕业后去有什么差别？”吉娜仔细一想：“是呀，大学生活并不能帮我争取到百老汇的工作机会。”于是，吉娜决定一年以后就去百老汇闯荡。

这时，老师又问她：“你现在去跟一年以后去有什么不同？”

吉娜苦思冥想了一会儿，对老师说，她决定下学期就出发。老师紧追不舍地问：“你下学期去跟今天去，有什么不一样？”吉娜有些晕了，想想那个金碧辉煌的舞台和那只在睡梦中萦绕不绝的红舞鞋……她终于决定下个月就前往百老汇。

老师再问：“你一个月以后去，跟今天去有什么不同？”吉娜激动不已，她情不自禁地说：“好，给我一个星期的时间准备一下，我就出发。”老师步步紧逼：“所有的生活用品在百老汇都能买到，你一个星期以后去和今天去有什么差别？”

吉娜终于双眼盈泪地说：“好，我明天就去。”老师赞许地点点头，说：“我已经帮你订好明天的机票了。”

第二天，吉娜就飞赴全世界最巅峰的艺术殿堂——美国百老汇。当时，百老汇的制片人正在酝酿一部经典剧目，几百名各国艺术家前去应征主角。按当时的应聘步骤，是先挑出十个左右的候选人，然后，让他们每人按剧本的要求演绎一段主角的念白。这意味着要经过百里挑一的两轮艰苦角逐才能胜出。

吉娜到了纽约后，费尽周折从一个化妆师手里要到了将排

的剧本。这以后的两天中，吉娜闭门苦读，悄悄演练。正式面试那天，吉娜是第四十八个出场的，当制片人要她说说自己的表演经历时，吉娜粲然一笑，说：“我可以给您表演一段原来在学校排演的剧目吗？就一分钟。”制片人首肯了。

而当制片人听到传进自己鼓膜里的声音，竟然是将要排演的剧目对白，而且，面前的这个姑娘感情如此真挚，表演如此惟妙惟肖时，他很惊喜，并马上通知工作人员结束面试，主角非吉娜莫属。

就这样，吉娜来到纽约的第三天就顺利地进入了百老汇，穿上了她人生的第一只红舞鞋。

梦想之花只有在精心的灌溉和呵护下才可能盛开，种在花园中却不闻不问是决然不可能开出美丽的花朵的，即使坚强地冒出头来，也会在不久之后面临枯萎和死亡。

梦想如果只“梦”只“想”，那么成功永远只能发生在梦里。任何时候都要清楚：牢记梦想只是一个基础。而梦想的实现是必须建立在第二次创造上的。当你找到了自己所要追求的目标，同时也给这些目标找到了实现的充分理由后，实现整个目标的行动就应该已经展开。充分的体现行动过程中的所有感受，让自己完全沉浸在享受梦想实现的快感里，这样，即使过程再艰难和遥远也不会动摇和放弃。

有这样一则白领丽人的生存寓言：一个小男孩问上帝：“一万年对你来说有多长？”上帝回答说：“像一分钟。”

小男孩又问上帝说：“一百万元对你来说有多少？”上帝回答说：“像一元。”

小男孩再问上帝说：“那你能给我一百万元吗？”上帝回答说：“当然可以，只要你给我一分钟。”

这则寓言告诉我们，财富不是梦想，它要付出一定的代价和实践，天下没有免费的午餐，天上不会掉馅饼。

一个多世纪前，在美国中西部的大都市芝加哥，曾经有一个十七八岁的青年，怀着对“财富”“势力”“大厦”和“美人”的种种幻想，从家乡小镇来到大都市，在洗碗碟、擦炉子、开卡车、送报纸等杂工中实践着自己对于上述幻想的追求。这个人，就是后来以《嘉莉姐妹》《美国悲剧》等揭露现代资本主义制度和资本主义文化对贫穷者，尤其是小资产阶级知识分子的腐蚀与摧残，揭露所谓“美国式梦幻”的虚伪性与欺骗性而知名的批判现实主义作家西奥多·德莱塞。

追求财富就要在实际行动中实现梦想，先要有梦想，然后行动，最后才能梦想成真。

拿破仑·希尔把致富的过程总结为六大步骤：

第一，牢记你所渴望金钱的确切数目。

第二，决定一下，你要付出什么以求报偿。

第三，设定你想拥有所渴望金钱的确切日期。

第四，草拟实现渴望的确切计划，并且立即行动，不论你准备妥当与否，都要将计划付诸实施。

第五，简单明了地写下你想获得的金钱数目，及获得这笔钱的时限。

第六，一天朗读两遍你写好的告白，早晨起床时念一遍，晚上睡觉前念一遍。

这六大步骤的核心就是要行动。

梦想只是美丽的彩虹，行动才是灌溉的雨水。当我们备好行囊，准备向目标出发时，下一个关键就是行动。任何伟大的梦想都只有在行动中才会变为现实。

贵在行动

托·富勒说：“始终处于判断之中，这是傻瓜的特征。”

伏尔泰说：“人生来是为行动的，就像火总向上腾，石头总是下落。对人来说，一无行动，也就等于他并不存在。”

一个人光有目标和理想是不够的，理想和目标需要依靠行动去实现，行动是架在现实和理想之间的桥梁，通过行动，我们才能到达幸福的彼岸。

当你有所决定的时候，不要犹豫，不要瞻前顾后，果断地行动起来！不要总是一遍又一遍地耽误自己宝贵的时间，问自己：“我可以开始了吗？”“我可以去做了吗？”你只需向前，做出你的行动，即可！

每个人都在实践中成长，每个人都在行动中一步步长大，变得成熟和睿智！我们做出决定，然后行动，检验结果，最后进一步学习和进步！行动是检验我们思想是否正确的途径。没有行动，不管多美的梦想，都只能是漂亮的肥皂泡，轻轻一吹，就不复存在了。唯有行动，我们才能将我们的梦想变为现实，唯有行动，我们才能做出非凡的业绩。

印度有句谚语：“幸运降临给那些下定决心而行动的人，

什么时候开始懒惰，幸运就告别。”

托·卡来莱尔也曾经说过：“在生活中，真正的问题不在于我们得到什么，而在于我们做什么。”

威·赫兹里特说：“伟大的思想只有付诸行动才能成为壮举！”

还等什么呢？行动吧！

生活中，有些人总是将梦想停留在言语阶段，而从不去付诸行动，于是，曾经那么美的梦想直到生命的终结也没见他实现过！

在1999年2月《读者》上曾看到过这样一个故事：

五官科病房里同时住进来两位病人，都是鼻子不舒服。在等待化验结果期间，甲说，如果是癌，立即去旅行，并首先去拉萨。乙也同样如此表示。结果出来了，甲得的是鼻癌，乙长的是鼻息肉。

甲列了一张告别人生的计划表离开了医院，乙住了下来。甲的计划表是：去一趟拉萨和敦煌；从攀枝花坐船一直到长江口；到海南的三亚以椰子树为背景拍一张照片；在哈尔滨过一个冬天；从大连坐船到广西的北海；登上天安门；读完莎士比亚的所有作品；力争听一次阿炳原版的《二泉映月》；写一本书。凡此种种，共27条。

他在这张生命的清单后面这么写道：我的一生有很多梦想，有的实现了，有的由于种种原因没有实现。现在上帝给我的时间不多了，为了不遗憾地离开这个世界，我打算用生命的最后几年去实现还剩下的这27个梦。

当年，甲就辞掉了公司的职务，去了拉萨和敦煌。第二年，又以惊人的毅力和韧性通过了成人考试。这期间，他登上天安门，去了内蒙古大草原，还在一户牧民家里住了一个星期。现在这位朋友正在实现他出一本书的夙愿。

有一天，乙在报上看到甲写的一篇散文，打电话去问甲的病。甲说，我真的无法想象，要不是这场病，我的生命该是多么的糟糕。是它提醒了我，去做自己想做的事，去实现自己想去实现的梦想。现在我才体味到什么是真正的生命和人生。你生活得也挺好吧！乙没有回答。因为在医院时说的，去拉萨和敦煌的事，早已因患的不是癌症而放到脑后去了。

在我们的人生旅程中，我们总是想，我们的人生还很漫长，等事业稳定了，再去做自己想做的事情，或是等到儿女成家了再去梦想中的旅行，或是今天太累了，明天再说……我们总是有很多很多的理由来延期我们的梦想！于是，就像故事中的乙一样，待时间一天天过去，我们的梦想也随着时间被搁置了！而甲在得知自己患鼻癌后，毅然抛却多余的东西，追求自己想过的生活，去实现自己的梦想，去做自己想做的事情，体验自己想要体验的生活，他的生命也因此而变得不同！

人的一生是有限的，在我们有限的生命里，多听听自己内心的声音，追随内心的声音去行动吧！这样，我们才能释放我们最大的潜能；这样，我们才能过得无拘无束；这样，我们才能获得心灵的富足！

关于行动这个话题，企业家吉姆曾经说过：“有人认为我急不可耐，不愿听人提到前面的陷阱和路障。我老爱说：‘我

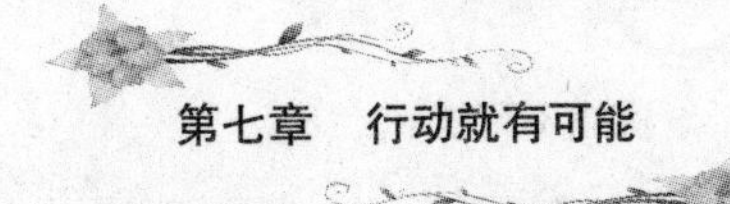

想知道我什么时候会撞墙，我要你们告诉我这会有多疼。但是如果我执意要撞墙，那你就不必担心自己没有尽职。我必须亲自试一试。’”

行动是评判一个人的最终标准，而非言辞和思想！行动是实现梦想的通道！

第一，如果你想让头脑中的愿景更加清晰，梦想更近，那么请抛开过去失败的经历对你的负面影响，也不要去担忧未来会发生什么自己所无法掌控的事情，现在，就在当下这一刻，请行动起来吧！

我们要知道，紧紧依靠思想去吸引我们想要的东西而不去行动，那只是一个空想家，我们永远也等不到想要的结果。在自己当前的环境中，在自己当前的工作和生活中，去行动吧，奔向自己的目标！

第二，生活是我们自己创造的。拥有了美好的目标，是否具体去实行是影响结果的直接因素。从为自己负责的角度出发，我们必须采取行动，生活是我们自己创造的，生活是我们自己做出决定的结果。当我们决定采取行动的时候，就意味着我们担负了自我成长的责任，因为行动影响了我们生活的方方面面，决定了我们的人生走向。要想人生过得充实、富足、多姿多彩，我们就必须采取相应的行动！

生活中，很多人之所以没有采取进一步的行动，他们把原因归结于当时的情况不允许！要知道，这样的归因会让我们一无所成，因为我们总是将事情没有达成的原因归结为外因，而不是从自身去寻找原因。这样的思考方式总是给我们传达这样

的一个信息，那就是，人，无法掌控自己的命运！人是被外在的环境所主宰的！于是，我们很自然地丧失了采取行动做出改变的动力！

要知道，外在的环境如何，我们自己是否能够掌控，完全是由我们自己所决定的，我们认为我们能够超越环境的限制进行自我发展，我们便能够。如果我们自己认为自己是被环境主宰的，那么，你完蛋了，你已经被限制了，这样的思维方式将让你永远无法进步！

第三，什么会促使我们去行动呢？渴望，内心巨大的渴望！生活中，很多人总是追求一种安逸、舒适的生活，他们总是花费很多时间、精力、金钱去大量地获取外部的资源，在自己认为外部资源足够让自己向前的时候，再来提升自己内在的品质！然而，这样的做法完全颠倒了！要知道，一个人唯有通过提升自己内在的品质，才能更好地去改变外在！如果你希望自己是一个事业有成，做事果敢的女强人，你需要发自内心地渴望这样，需要某种动力去激发自己，激活自己内在的力量。兴趣是最好的老师，一个人所从事的事业如果是自己衷心热爱的，那么，你必定会锲而不舍、不辞辛劳地采取大量行动去完成它，而且不知疲倦。因为这是你真心所爱的！而如果你所从事的事业你并不喜欢，甚至非常讨厌，那么，我们可想而知，你花费在上面的时间和精力也会非常有限了。有谁会采取大量的行动在一件自己不喜欢的事情上面呢？你最可能做的就是草草了事，发出这样的感慨：“终于做完了！再不用面对它了！”所以，找出你所热爱的事情，找出自己的优势所在，运

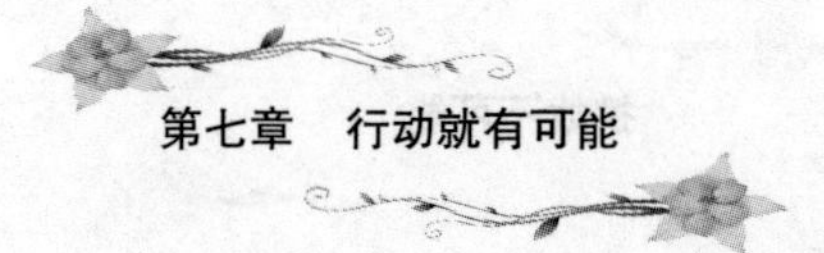

用自己特有的天赋一步步取得进步！热爱能够产生强大的渴望和信念！

第四，踏踏实实做好本职工作。可能目前你所在的环境不是你喜欢的，你所从事的工作也并非你所爱，不要因此就做一个牢骚满腹的人，要想改变当前的环境，脱离自己不喜欢的工作，你要做的，就是采取行动。通过在当前自己所不喜欢的环境中采取行动，从而将自己转移到自己喜欢的环境中，通过在当前自己不喜欢的工作上采取行动，从而将自己一步步转移到自己喜欢的工作上面。不要总是抱怨环境如何如何，不要总是抱怨工作如何让自己不满意，这些对改变自己当前的境遇毫无意义，你要做的，就是全心全意地去行动！一个总是抱怨的人将永远不会采取积极的行动来改变自己的一切，他们总是逃避现在，认为自己没有遇到好时候，而一旦所谓的好时候到了，他们又会衍生出一堆其他的理由，总之，就是逃避自己应该付出却不付出的行动！

改变当前的境遇需要我们去设定一个或几个能够不断激励我们的目标！当我们被激励的时候，我们内心就会产生强大的动力，之后自然就会采取一系列的行动！

比如，当前的工作你不喜欢，你觉得自己应该换一份比较好的工作。那么，闭上眼睛，在心里描绘出你所喜欢的工作是什么样子的，相信自己一定能够找到一份这样的工作，在头脑中想象自己已经在这样的工作上，你非常快乐、喜悦！带着这样的目标和信念在当前的工作上好好努力，这是走向理想新工作的途径！你这样做了，你必将一步步走向你理想中的工作！

有人问，我想要的是新工作，为什么要在当前的工作上努力？要知道，一个连自己当前的工作都无法做好的人，是不可能胜任更好的工作的！即使宇宙真的发挥它的力量，将这样的理想工作带给你，你也无法接收到，因为你没有具备胜任、发现它的能力！正像麦唐纳所说："对未来的最好策划，是善于处理目前，完成最近的工作任务。"

这样做是思想和行动双向前进的结果！你运用思想的力量吸引你想要的工作，于是宇宙启动它的力量将你想要的工作步步拉近给你；而与此同时，你当前所采取的一系列行动使得你提升了自己，调动了你各方面的能量，一步步把你推向你想要的理想工作！

做好自己当前的工作，才能一步步超越自己，实现更高更好的目标，这是社会前进的法则。正像查·金斯莱曾经说过："振兴世界的唯一办法是人人都做好眼前的工作。切不可好高骛远，只求大功。"

第五，专注于你想要的结果。你有一个目标，不要事先总是认为非得制订一个多么完美的天衣无缝的计划才能将其实现。生活中，很多人就是将时间和精力浪费在了计划的制订上。于是，很久很久过去了，你还在思索计划，而根本没有行动！将自己注意力的焦点集中在自己渴望的东西上，不要去想如何实现它！

奔着这个目标，采取行动。即使你的目标并不十分清晰，没关系，行动起来。这个过程中，你可能会犯错，没关系，错了可以改，你可以在行动的过程中一步步作出调整。记住，除

了你自己，没有人能够阻碍你，没有人能够限制你，更不要让自己限制自己。不要怀疑，相信自己，相信自己的能力，你能够做到，你可以，你行的，你没问题！

第六，时刻行动着，实践出真知！很多伟人也好，成功者也罢，他们的成功在于行动的成功。塞万斯曾经说过："如果你不比别人干得更多，你的价值也就不会比别人更高。"这些人也失败过，但是这又有什么关系，他们不会惧怕，不会退缩，他们会继续前进，在行动中去创造奇迹。在他们看来，每一次失败，都是进一步走向了成功，他们是伟大的行动家。正是通过不懈的行动，爱迪生发明了电灯；正是通过不懈的行动，红军完成了万里长征，冲破了国民党的包围；也正是通过不懈的行动，人类物质和精神文明的方方面面才发展至今！试想，如果世界上每个人都不去行动，都安于现状，追求安稳的生活，不愿改变，那么社会也将停滞不前！

罗曼·罗兰曾经说过："从容不迫地谈理论是一件事，把思想付诸实行——尤其在需要当机立断的时候——又是一件事。"

英国也有句谚语："行动不一定带来快乐，但没有行动则肯定没有快乐。"

不要犹豫了，不要懒惰了，不要逃避了，行动起来吧！

不要懈怠，马上行动

对一个勤奋的艺术家来说，若他不想让任何一个想法溜掉，那么当他产生了新的灵感时，他会立即把它记下来——即使是在深夜，他也会这样做。他的这个习惯十分自然、毫不费力。一个优秀的员工其实就是一个艺术家，他对工作的热爱，立即行动的习惯，就像艺术家记录自己的灵感一样自然。

每一个员工，特别是老员工，一定会对升职加薪梦寐以求。但幻想毫无价值，你的目标并不会因渴望而达到，一切都毫无意义——因为你还没有付诸行动。

一张导游图，无论它的内容多么详尽、比例多么精确，它永远也不可能带着你在地面上移动半步；任何一本致富的宝典，无论它的方法多么科学实用，你也永远不可能从它的字里行间中取出钞票。只有行动才能使你梦想的地图、宝典具有现实意义。面对企业复杂的事务，你可能会感到恐惧，要想克服恐惧，你必须毫不犹豫地付诸行动，只有这样，你才能平定内心的慌乱。

谁都知道，萤火虫只有在振翅而飞的时候，才能发出美丽的光芒。那么你就要学习萤火虫，努力振动奋进的翅膀，让行

动的光芒照亮你的职场生涯。

在竞争异常激烈的现代社会，成功的机会转瞬即逝。你需要理智地、身体力行地分析现状，果断地采取行动，坚定付诸行动的决心和不断超越现状的执着追求，并由此向你的目标挺进。行动对你而言，就像食品和水一样，能滋润你，给你力量，使你成功。

从现在开始，马上就付诸行动，如果你是苍鹰，就应翱翔于苍穹；如果你是雄狮，就要驰骋于森林。否则，你就有可能面临另外一种命运——被淘汰出局!

立刻行动吧，否则成功将离你越来越远!

“现在”这个词对你在职场的成功妙用无穷，而“明天”“以后”往往是“永远都不能行动”的代名词。你可以想一想，你有许多想做的事没有做成，是不是因为在“我现在就去做，马上开始”的时候，却“明天再说吧”？

事实就是这样：如果你时时想到“现在”，很多事情就顺利地完成了；如果你常想“将来有一天我会去做的”，那你注定将一事无成。

人有时候就喜欢自我妥协，经常是“今天实在太苦、太累了，明天我一定做”，结果，却什么都没做，而累积起来的工作却越来越多了。这样的员工能受到企业的重用吗?

要想有效地完成企业交给你的工作任务，成为一名优秀的员工，最好的办法就是，现在就去做!

据调查统计，全美国有1/3的员工都无法完成每天设定的待办事项。虽然大多数人都整天像龙卷风般地跑东跑西，看起来很忙碌，但其实未必有什么成就。员工们也无法从工作中获得满足，这难道只是工作的问题吗？

如果每天的工作都无法达到要求，那么会容易让人感受到挫折、压力以及失望。唯有当日事当日毕，才能消除这些负面情绪。每一个员工都要找出适合自己的可以让你当日事当日毕的工作方法。

把每天的待办事项写在一张纸上，然后一个一个地去解决。简化处理事情的方法，并且把那些等着你回复的邮件以及一直没有回复的电话一一处理好，把你的工作整理得井井有条。

顺利完成当日的工作任务能够让你感到满足，然后你就可以把这个工作从待办事项中划去，迎接崭新的开始。这时候你会再度充满活力，而且能够把注意力专注在某个重要的工作上，使每天的工作都能顺利完成。

在现代企业中，崇尚的是把工作保质、保量地完成，而不是你工作得有多忙碌、多辛苦。真正能够受到同事或上级肯定的是你到底做了什么，而不是你的出发点有多好。所以，当日事当日毕，并且还要有效地完成，不要留到明天，因为明天还有明天的任务。

从现在开始，请立即行动！

富兰克林说："把握今日等于拥有两倍的明日。"将今天该做的事拖延到明天，而即使到了明天也无法做好的人，占了一半以上。应该今日事今日毕，否则可能无法做大事，也不太可能成功。所以应该经常抱着"必须把握今日去做完它；一点

也不可懒惰”的想法去努力才行。歌德说：“把握住现在的瞬间，从现在开始做起。只有勇敢的人身上才会赋有天才、能力和魅力。因此，只要做下去就好，在做的历程当中，你的心态就会越来越成熟。能够有开始的话，那么，不久之后你的工作就可以顺利完成了。”

有些人在要开始工作时会产生不高兴的情绪，如果能把不高兴的心情压抑下来，心态就会愈来愈成熟。而当情况好转时，就会认真地去做，这时候就已经没有什么好怕的了，而工作完成的日子也就会愈来愈近。总之一句话，必须现在就马上开始去做才是最好的方法。哪怕只是一天或一个小时的时光，也不可白白浪费。这才是真正积极主动的工作态度。

有一种员工是典型的完美主义者，他们觉得没有人能做得比他们好，所以不懂得授权给别人。他们认为自己比别人都行，因此也拒绝别人的建议，不要求任何协助。他们会无限地延长工作完成的时间，因为他们需要多一点时间让它更完美，而忽视别人的需要。他们以为只要他们一直在做事，就表示还没有完成；只要还没有完成，他们就可以避免别人的批评。完美主义让他们觉得，即使他们什么事都没做，也还是比别人优越。

总有很多事情需要去做，如果你正受到怠惰的钳制，那么不妨就从碰见的任何一件事着手。是什么事并不重要，重要的是你突破了无所事事的恶习。从另一个角度来说，如果你想规避某项杂务，那么你就应该从这项杂务着手，立即进行。否则，事情还是会不断地困扰你，使你觉得烦琐无趣而不愿意动

手。假如你应该打一个电话给客户，但由于拖延的习惯，你没有打这个电话。你的工作可能因这个电话而延误，你的公司也可能因这个电话而蒙受损失。

为了按时上班，假定你把闹钟定在早晨6点。然而，当闹钟闹响时，你睡意仍浓，于是起身关掉闹钟，又回到床上去睡。久而久之，你会养成早晨不按时起床的习惯，同时，你又会为上班迟到而寻找借口。

立即行动！这句话是最惊人的自动起动器。任何时刻，当你感到拖延苟且的恶习正悄悄地向你靠近，或当此恶习已迅速缠上你，使你动弹不得之际，你都需要用这句话来提醒自己。

一个人要成就一番事业，首先就要学会利用自己的时间。养成良好的运用时间的习惯。

立即行动吧。

这种态度还会消减准备工作中一些看似可怕的困难与阻碍，引领你更快地抵达成功的彼岸。

有个农夫新购置了一块农田，可他发现在农田的中央有一块大石头。

“为什么不铲除它呢？”农夫问。

“哦，它太大了。”卖主为难地回答说。

农夫二话没说，立即找来一根火铁棍，撬开石头的一端，意外地发现这块石头的厚度还不及一尺，农夫只花了一点儿时间，就将石头搬离田地。

也许，在开始的时候，你会觉得做到“立即行动”很不容易，因为这样难免发生失误。但最终你会发现，“立即行动”

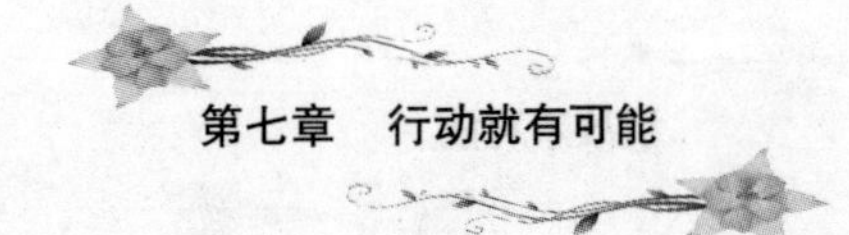

的工作态度，会成为你个人价值的一部分。当你养成“立即行动”的工作习惯时，你就掌握了进取的秘诀。当你下定决心永远以积极的心态做事时，你就朝自己的成功目标迈出了重要一步。

立即行动吧！最理想的任务完成期是昨天。

某公司老板要赴海外公干，且要在一个国际性的商务会议上发表演说。他身边的几名要员于是忙得头晕眼花，要把他赴海外公干所需的各种物件都准备妥当，包括演讲稿在内。

在该老板出发的那天早晨，各部门主管也赶来送机。有人问其中一个部门主管：“你负责的文件打好了没有？”

对方睁着他惺忪睡眼，说道：“我熬不住去睡了。反正我负责的文件是以英文撰写的，老板看不懂英文，在飞机上不可能复读一遍。待他上飞机后，我回公司去把文件打好，再以电讯传去就可以了。”

谁知转眼之间，老板驾到。第一件事就问这位主管：“你负责预备的那份文件和数据呢？”这位主管按他的想法回答了老板。老板闻言，脸色大变：“怎么会这样。我已计划好利用在飞机上的时间，与同行的外籍顾问研究一下自己的报告和数据，别白白浪费了坐飞机的时间呢！”

天！这位主管的脸色一片惨白。

在我们日常的工作中，任何时候，都不要自作聪明设计工作；期望工作的完成期限会按照你的计划而后延。成功的人士都会谨记工作期限，并清晰地明白，在所有老板的心目中，最理想的任务完成日期是：昨天。任何时候都要努力把完成的实践主动提前而不是延后。

这一看似荒谬的要求，是保持恒久竞争力不可或缺的因素，也是唯一不会过时的东西。一个总能在“昨天”完成工作的员工，永远是成功的。其所具有的不可估量的价值，将会征服任何一个老板。

现在，商业环境的节奏，正在以令人炫目的速率快速运转着。大至企业，小至员工，要想立于不败之地，都必须奉行“把工作完成在昨天”的工作理念。作为一名老板，百分之百是“心急”的人，为了生存，他们恨不得把每一分钟分成八瓣。按他们的速率预算，罗马三日建成也算慢。所以，要老板白花时间等你的工作结果，比浪费金钱更叫他心痛，因为失去一分钟，在那一分钟内能想到的业务计划，可能价值连城。

平心而论，没有哪个不讲效率者能成为老板，也没有哪个老板，能长期容忍办事拖沓的员工。你要想在职场中一路顺风，炙手可热，最实际的方法，就是满足老板的愿望，让手中的工作消化在“昨天”。

也即，在罗马应该于昨天建成的心理状态下，对老板交代的工作，要在第一时间内进行处理，争取让工作早点瓜熟蒂落，让老板放心。

成功存在于“把工作完成在昨天”的速率之中，正如未来的橡树，包含在橡树的果实里一样。如果每次老板的嘱咐都获得尽快处理，你必会成为最能惹他开心的人。

千万不要愚蠢地像上例中的那位主管，把昨天就能完成的工作拖延到明天。而如果你已完成，就不要愚蠢地等到老板开

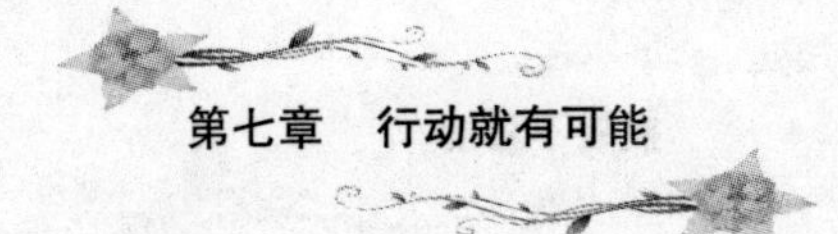

口，说那句“你什么时候做完那件事”时，才把成绩呈上，这样必会在印象上大打折扣。

当你的老板向你提出苛刻的工作期限时，不要反驳，不要抱怨。将心比心，如果你是老板，一定会希望员工能像自己一样，将公司的工作当成自己的事业，更加努力、更加勤奋、更加积极主动，以让工作在最短时间内有效完成。因此，假如你渴望成功，那么，就以老板苛刻的工作期限为基础，主动给自己再制定一个新的工作期限吧。

为了达到目标，就要迅速地行动，只有迅速地行动，才能增加与别人接触的机会，并能从不同场合获取各种各样的信息。这样，你头脑中或许就会闪现出智慧的火花和绝妙的创意。所谓的机会，也恰恰潜藏在这些灵感之中。

要计划更要行动

“一个行动胜过一打计划。”这是艾森豪威尔将军的座右铭。

西点将领布莱德利说：“只有在行动中，我们才会感觉到生命的悸动，才能让生命具有价值，才可以得到衣食住行的保障，也可以变得智慧、勇敢、坚毅和高尚起来。”

只有行动才能使梦想、计划、目标具有现实意义。行动，像食物和水一样，能滋润我们，使我们成功。

一张地图，不论多么详尽，比例多精确，它永远不可能带着它的主人在地面上移动半步。一个国家的法律，不论多么公正，永远不可能防止罪恶的发生。任何宝典，如果我们不去实行，永远不可能创造财富。

只有行动才有成功的可能。有行动的人是最可怕的人，他们无往不胜，即使不幸遭遇灭顶之灾，他们也能以最快的速度重振精神，用行动宣告自己永不认输的坚强。

生活中更有一些人，他们怀揣着梦想奋斗了一生，忍受着梦想迟迟不能实现的折磨，却从来没有停止前进的脚步，这样的人更值得我们钦佩。

哈里是美国海岸警卫队的一名厨师，因为读过几天书，在一起工作的伙计们都来找他写情书、写家信，写了一段时间，哈里发觉自己爱上了写作。于是，他暗暗地下决心，给自己定了一个目标：两三年之内写一本长篇小说。从树立目标的那一刻开始，哈里就时刻把努力放在第一位。

说干就干，哈里马上就行动起来。每天晚上，他都一个人躲在屋子里不停地写啊写。就这样，写了八年，他终于在杂志上发表了自己的处女作，虽然钱很少，稿酬不过100美元，但他看到了希望，觉得自己是有一定写作潜能的。

从美国海岸警卫队退休以后，他没有放弃自己喜欢的写作。可惜，稿费远远不能满足生活需要，欠款也越来越多，有时候，甚至连吃饭的钱都没有。生活的磨难并没有让他退缩，他仍然锲而不舍地坚持写作。朋友们给他介绍了一份政府部门的工作，虽然当时的哈利很需要钱，但他还是干脆地拒绝了，哈里说："如果工作了，我就没有时间写作了，我一定要成为一名作家！"

经过整整12年时间的努力，哈里终于写出了自己预想中的作品。为了这本书，他忍受了常人难以承受的艰难和困苦，每天深夜，家里所有的人都睡觉了，只有他依然在用心地写作。因为一直在写，他的手指都变形了，视力也急剧下降。但和他的作品相比，这些又算得了什么呢？

这本小说一出版就引起了巨大的轰动，仅在美国就发行了160万册精装本和370万册平装本。接下来，又被改编成电视连续剧，据调查，观众超过了1.3亿。这部作品还让他荣获了普利

策奖，收入超过500万美元。

这就是著名作家哈里的故事，如果你不熟悉这部作品的话，真是太遗憾了，这部书就是今天我们经常看到的《根》。

哈里说：“取得成功的唯一途径就是‘立刻行动’，努力工作，并且对自己的目标深信不疑。不要心存幻想，世上并没有什么神奇的魔法可以将你一举推上成功之巅——你必须有理想和信心——遇到艰难险阻必须努力克服它。”是的，贫穷与平凡并不可怕，可怕的是我们失去了梦想，并且没有将梦想付诸行动的勇气和魄力。所以，行动起来吧，行动将为你扫去一切障碍，使你无往不胜，成为一个真正有所作为的人。

毕业于西点的将军奥马尔·纳尔逊·布莱德雷说：“习惯性拖延的人常常也是制造诸多借口与托词的专家。如果你存心拖延、逃避，你自己就会找出成千上万个理由来辩解为什么不能够把事情完成。”

1944年1月，布莱德雷被艾森豪威尔正式任命为第1集团军区司令。当年6月6日凌晨，“霸王”作战开始。在空降部队降落和海空军火力突击之后，布莱德雷指挥美国第1集团军在奥马哈和犹他海滩登陆成功。

此前，美军已制定好针对敌军的“眼镜蛇”战役，但因为气候原因而一再推迟，而后，美军最高司令官将该战役指挥权交由布莱德雷。

7月1日，美军攻占瑟堡港和科唐坦半岛。7月25日，布莱德雷在巩固和扩大登陆场之后开始实施因气候不佳而推迟的“眼镜蛇”战役。面对恶劣的气候环境，布莱德雷下令立即行

动，他要求士兵急速前进，速战速决，争取作战时间。

7月30日，美军突破阿弗朗什的德军防线，共俘虏德军2万，胜利结束该役。

“立即行动”就是最好的办法。不管什么时候，如果觉察到拖延的恶习正在侵袭你，或者这种恶习已经缠住你了，这四个字就是对你的最好提醒。

不管什么时候都有许多事情要做，要克服懒惰的习惯，养成立即行动的好习惯，你不妨从遇到的随便一件事上入手。不要在意是什么事，关键在于打破游手好闲的坏习惯。换个角度说，假如你要躲开某项烦人的杂务，你就要针锋相对，立即从这项杂务入手。要不然，这些事情还是会不停地困扰你，使你厌烦而不想动手。

你一旦养成了“立即就做”的工作习惯，你就大体上把握了人生进取的精义。

工作能力和工作态度决定了你的薪水和职位。担任企业最重要职位的人往往是那些工作效率高、做得多，而且乐于做的人。迈向远大前程的重要的一步在于你要下定决心以积极的心态做事，马上行动，不要迟疑。

约翰·D. 洛克菲勒曾经对自己的儿子说：“亲爱的小约翰，今天就是行动的一天！选择行动才是最重要的。你的生活不是试跑，也不是正式比赛前的准备活动。生活就是生活，不要让生活因为你的不负责任而白白流逝。要记住，你所有的岁月最终都会过去的，只有做出正确的选择，你才有资格说你已经活过这些岁月。你必须自己思考，并付诸行动。即便做出的

决定未能如愿以偿，但采取行动能够增加采取更多行动的可能性；而什么也不做只能增加下一次有所选择的可能性。到时候你肯定又会随波逐流。你应该奉行今天行动的原则。不要把今天的工作推迟到明天来做，一定要今天的工作今天完成，争取今天完成明天的工作。如果你想要冲破你的人生难关，现在就去做！如果你现在不去做，你永远不会有任何进展。如果你现在不去行动，你将永远不会有任何行动，没有任何事情比下定决心，开始行动更有效果。”

爱默生说：“没有任何想法比这个念头更有力量，那就是：时候到了！”就我的看法而言，创造出天地万物的全能上帝也不会毫无缘故地赋予你希望、梦想、野心或创意，除非你行动的时机已到！大多数人只能庸庸碌碌度过一生，并不是因为他们懒惰、愚笨或习惯做错事；大多数人不成功的原因在于他们没有做对的事情。他们不知道成功和失败的分别何在。要达到成功的第一条守则就是；每天持续行动，不断地向前进。不要等待奇迹发生才开始实践你的梦想。今天就开始行动！对肥胖的人来说，每天散散步不是什么大不了的事，但是一旦付诸实行后，这就是一件大成就，何况，散步的确会让你的体重明显下降。除非你开始行动，否则你到不了任何地方，达不到任何目标。赶快行动，否则今日很快就会变成昨日。如果不想悔恨，就赶快行动。行动是消除忧虑的妙方。行动派的人从来不知道烦恼为何物，此时此刻是做任何事情的最佳时刻。如果总是认为应该在一切就绪后再行动，那么你会永远成不了大事。有机会不去行动，就永远不能创造有意义的人生，人生不

在于有什么，而在于做什么。身体力行绝对胜过高谈阔论，经验是知识加上行动的成果。若想欣赏远山的美景，至少得爬上山顶。上帝给了你大麦，但烤成面包还得靠自己。生命中的每个行动，都是日后扣人心弦的回忆。能者默默耕耘，无能者只说不练。任何空谈都是毫无意义的，行动决定一切。一百句空话抵不上一个实际行动，无论你的人生难关是什么，你今天都要开始行动，并且坚持不懈！

以认真的态度对待每一项工作

有句话说得很好：我不能选择容貌，但可以选择表情；我无法选择天气，但可以选择心情。同样，我们也可以说：你无法选择工作，但可以选择态度。对于工作来说，无论工作平凡或伟大，无论困难或容易，你的态度都将决定你能够取得怎样的成果。卓越的态度可以使平凡变成伟大，平庸的态度可以使伟大变成卑微。可以说，我们的态度决定了一切。

面对工作的态度主要有两种，我们可以从中任选其一。第一种是爱迪生所说的："我一辈子从来没有工作过，我只是在玩而已。"另一种就是古希腊福州里邪恶国王西西弗斯王所认为的"工作就是苦役"。

爱迪生认为工作可以创造出生产力、乐趣以及满足感，投身于自己所从事的工作，可从中得到源源不断的快乐和成就感。而西西弗斯王被打入冥府后，每天必须推动庞大的巨石到山上去。一天过完之后，这块巨石又会自动掉落山谷。他每天都要重复这样的过程，日复一日。他的工作艰辛、枯燥而且毫无意义。

我们也许无法选择自己的工作，因为很多时候人们的选择

自由度确实不大。但是，一旦你参与了某项工作，来到某个岗位上，就必须要有把它做好的态度。因为怎样去面对工作，这个态度的决定权是在你的手中。

杰克是美国一家餐厅的经理，他总是有好心情，当别人问他最近过得如何时，他总是有好消息可以说。当他换工作的时候，许多服务员都跟着他从这家餐厅换到了另一家。为什么呢？因为杰克是个天生的激励者，如果有某位员工今天运气不好，杰克总是适时地告诉那位员工往好的方面想。有人问他："没有人能够总是这样积极乐观，你是怎么做到的？"杰克回答说："每天早上起来我告诉自己，我今天有两种选择，我可以选择好心情，或者选择坏心情，但我总是选择好心情。即使有不好的事发生，我可以选择做个受害者或是从中学习，但我总是选择从中学习。每当有人跑来跟我抱怨，我可以选择接受抱怨或者指出生命的光明面，但我总是选择指出生命的光明面。"

应该说，杰克懂得工作的真谛，因为工作本应是一件需要每一个人用心去做的、快乐的事情，但却被很多人认为只是谋生的手段。的确，如果我们用应付的态度来对待工作，自然难以从中得到乐趣，更不用说能将工作做得出色。

工作中，我们常常喜欢为自己寻找理由和借口，不是抱怨职位、待遇、工作的环境，就是抱怨同事、上司或老板，而很少问问自己：我努力了吗？我真的对得起这份薪水吗？要知道，抱怨得越多，失去得也越多，而只有端正自己的态度才能获得出类拔萃的机会。

琳达大学毕业后，进入了自己向往已久的报社当记者。虽然说是记者，但她却没有被指派去担任采访等工作，而是每天做一些整理别人的采访录音带之类的小事情。每天做这样无聊的工作是她以前所没有料到的，于是便萌生出辞职的念头。朋友给了她这样的建议："你是幸运的，你正在接近你最喜欢的工作。如果你觉得现在的工作无聊的话，那只是你的借口，说明你并没有努力工作。你可以试着学习如何快速听写录音带，试着成为快速记录的高手。将来一定会派上用场的。因为听写一个小时的录音带，往往要耗掉三至五倍的时间，但精通速记的话，只要花费和听录音带相同的时间就可以完成了，不但合理，而且省时。"于是，琳达每个周末都去文化学院学习速记。她精通了速记后，变得能够自如地进行录音带的速记工作。六年以后，她以"录音带速记高手"的身份闻名新闻界，因其速记得"更快速、更便宜、更正确"，即使在经济不景气的时候，她的工作也从没间断过。

所以，身在职场，每一个员工都要以积极进取的工作态度走好职业生涯中的每一步，只有这样才能拥有一个与众不同的人生。当你以对待生命的态度对待工作时，工作就会给你同样珍贵的回报。

任何工作都值得做好

任何工作都值得我们做好，而且是用100%的精力。

画家莫奈曾画过这样一幅雨，画面上描绘的是女修道院里的情景，几位正在工作着的天使，其中一位正在架水壶烧水，两位正提起水桶，还有一位穿厨衣的天使，正在伸手去拿盘子——哪怕是生活中再平凡不过的事，天使们都在全神贯注地在做。

行为本身说明不了它自身的性质，而是由我们行动时的精神状态来决定的。工作单不单调，也由我们工作时的心境来决定。

我们的人生目标将指引我们的一生，你的工作态度，将让你与其他人分别开来。它或者使你思想更开阔，或者使你变得更狭隘，或者让你的工作变得崇高，或者变得俗气。

做任何一件事对我们的人坐来说都是极具意义的。做一位砖瓦匠，你也许会从砖块和泥浆中发现诗意；做一名图书管理员，你或许可以在工作之余使自己获得更多的知识；做一名教师，也许你为教学工作感到厌烦。但是，只要你见到你的学生，你一定会变得快乐起来。

不要用他人的眼光来看待你的工作，也不要用世俗的标准来衡量你的工作，如果这样做的话，只会让你觉得工作单调、无聊、毫无价值。这如同我们在外面观察一个大教堂的窗户，上面也许布满了灰尘，十分灰暗，没有光华，但是，如果我们推门走进教堂，将会看到另外一幅景象，色彩绚丽、线条清晰，在阳光之下教堂里会形成一幅幅美的图画。

这向我们提供了一条真理：从外部看待问题是有局限的，只有从内部观察才能看透事物的本质。有的工作表面上看十分无味，只有当你身临其境，努力去做时才能体会到其中的乐趣与意义。所以，不管你是什么样的人，都要从工作本身去理解你的工作，把工作看成你人生的权利与荣耀——这将是你保持个性独立的唯一方法。

任何工作都值得我们努力去做，别轻视你做的每一件事，哪怕是一件小事，你也要竭尽全力、尽职尽责地把它做好。

能把小事情顺利完成的人，才有完成大事情的可能。一个走好每一步的人，绝不会轻易跌倒，而这也是通过工作获得伟大力量的奥秘。

把工作看作乐趣

不管你的处境有多么糟糕，你也千万不能因此而厌恶你的工作。如果因为环境所迫，你不得不做些乏味的工作，你也要设法使工作变得充满乐趣。以这样一种积极的态度工作，你将取得你意想不到的良好效果。

工作可以让你从中获得经验、知识和信心。你的工作热情越高，决心越大，你的工作效率也就越高。当你充满热情地工作时，工作就会充满乐趣，你再也不会把上班当成一件苦差事了，而别人也愿意聘用你来做喜欢的事情。

工作就是为了使自己获得更多的快乐！如果你把每天8小时的工作看作是在游泳，这是一件多么惬意的事啊！

别看有许多人在大公司里工作，他们知识渊博，受过专业训练，每天穿行在写字楼里，工作体面，而且有一份不错的薪水，但他们不一定比你更快乐。他们是孤独的，他们不愿与人交流，他们不喜欢上班，工作也仅仅是为了生存，他们常常因此而忧心忡忡，健康状况十分糟糕。

当你发现你把一项工作当成乐趣的时候，你就不要再去更换工作了。而如果你觉得工作压力愈来愈大，工作对你而言只

有紧张，毫无快乐可言时，那就说明你有些地方不对劲了。要想从根本上解决这个问题，你必须从心理上调整自己，否则换一万次工作也是枉然。

如果一个人能以精益求精的态度、火热般的激情，充分发挥自己的特长来工作，那他做什么都不会觉得辛苦。如果一个人鄙视、厌恶自己的工作，那他一定会失败。真挚、乐观的精神和不屈不挠的毅力才是引导人们走向成功的磁石。无论你做的是什么样的工作，都要用100%的热忱去努力。这样，你就可以从平庸卑微的状态中解脱出来，劳碌辛苦将离你而去，你也不会再有厌恶的感觉。

有一些刚走上社会的大学生常常抱怨自己所学的专业，于是我就这样问他们，要是你选择的专业与你的兴趣完全相反，当初你为什么要选择它呢？如果你为你的专业已经付出了几年的时光，那么，这已经说明你是足够可以忍受这个专业的。

你的抱怨其实只是你借口逃避责任的理由，这不仅说明你对自己不负责，更说明你是一个对社会也不负责的人。亨利·卡萨，一个伟大的成功者，不是由于他有一个10亿美元资产的大公司，更重要的是他是一个慷慨和仁慈的人，他让许多哑巴学会了说话，让许多腿脚残疾的人可以走路，让许多穷人有了医疗保障……而这正是他的母亲在卡萨心里播下的种子。

玛丽·卡萨将如何应用人生的价值这一珍贵的礼物给了他的孩子。每一天，在玛丽结束工作之后，总会义务地花一段时间去做保姆工作，给那些生活在不幸中的人们以帮助。她留给儿子这样一条忠告：“不工作你将一事无成，我除了告诉你要学会寻找工作的快乐之外，什么东西也不能留给你。”

卡萨说：“母亲让我明白了热爱他人和为他人服务的重要性，这是我人生之中最有价值的事情。”

假如你也这么做，把你的兴趣和工作结合在一块，就会发现，你工作起来就不会感到辛苦和单调了。兴趣将让你的身体充满活力，哪怕做再多的工作，你也不会感到疲劳。

满足生存需要不应该成为工作的唯一目的，工作更应该成为实现人生价值的途径。无所事事的人生将是悲哀的人生，把你的兴趣放在工作上，你将乐在其中，你的人生也将因为你从事热爱的工作而得到升华。

一个成功的人，他总是把工作当成一件快乐的事，并且，他还乐此不疲地把这份愉悦传递给别人，使人们愿意与他交往和共事。

年轻人，把工作当成人生最有意义的事吧！把与同事共处看成一种缘分，把与顾客、合作伙伴见面当成乐趣吧！

“工作能让你的精神健康，在工作中不断思考，工作将变得无比快乐，这两者谁也离不开谁！”

超越平庸，选择完美

不要满足于尚可的工作表现，要做最好的，你才能成为不可或缺的人物。人类永远不能做到完美无缺，但是在我们不断增强自己的力量、不断提升自己的时候，我们对自己要求的标准会越来越高。这是人类精神的永恒本性。

对于我们来说，顺其自然是平庸无奇的。平庸是你我的最后一条路。为什么可以选择更好时我们总是选择平庸呢？如果你可以在一年之外弄出一天，那为什么不利用这365天呢？为什么我们只能做别人正在做的事情？为什么我们不可以超越平庸？

如果一个人顺其自然的话，那么他也不会赢得奥林匹克竞赛。把金牌带回家的运动员必须超越已有的记录。我厌倦了平庸。我的感觉和哈伯德写下如下这些话时的感觉如出一辙：

不要总说别人对你的期望值比你对自己的期望值高。如果哪个人在你所做的工作中找到失误，那么你就不是完美的，你也不需要去找借口。承认这并不是你的最佳程度，千万不要挺身而出去捍卫自己。当我们可以选择完美时，为何偏偏选择平庸呢？我讨厌人们说那是因为天性使他们要求不太高。他们可能会说："我的个性不同于你，我并没有你那么强的上进心，那不是我的天性。"

超越平庸，选择完美。这是一句值得我们每个人一生追求的格言。有无数人因为养成了轻视工作、马马虎虎的习惯，以及对手头工作敷衍了事的态度，终致一生处于社会底层，不能出人头地。

在某大型机构一座雄伟的建筑物上，有句很让人感动的格言。那句格言是："在此，一切都追求尽善尽美。""追求尽善尽美"值得作为我们每个人一生的格言，如果每个人都能用这格言，实践这一格言，决心无论做任何事情，都要竭尽全力，以求得尽善尽美的结果，那么人类的福利不知要增进多少。

人类的历史，充满着由于疏忽、畏难、敷衍、偷懒、轻率而造成的可怕惨剧。在宾夕法尼亚的奥斯汀镇，因为筑堤工程没有照着设计去筑石基，结果堤岸溃决，全镇都被淹没，无数人死于非命。像这种因工作疏忽而引起悲剧的事实，在我们这片辽阔的土地上，随时都有可能发生。无论什么地方，都有人犯疏忽、敷衍、偷懒的错误。如果每个人都能凭着良心做事，并且不怕困难、不半途而废，那么非但可以减少不少的惨祸，而且可使每个人都具有高尚的人格。

养成了敷衍了事的恶习后，做起事来往往就会不诚实。这样，人们最终必定会轻视他的工作，从而轻视他的人品。粗劣的工作，就会造成粗劣的生活。工作是人们生活的一部分，做着粗劣的工作，不但使工作的效能降低，而且还会使人丧失做

事的才能。所以粗劣的工作，实在是摧毁理想、堕落生活、阻碍前进的仇敌。

要实现成功的唯一方法，就是在做事的时候，抱着非做成不可的决心，要抱着追求尽善尽美的态度。而世界上为人类创立新理想、新标准，扛着进步的大旗，为人类创造幸福的人，就是具有这样素质的人。无论做什么事，如果只是以做到“尚佳”为满意，或是做到半途便停止，那他绝不会成功。

有人曾经说过：“轻率和疏忽所造成的祸患不相上下。”许多年轻人之所以失败，就是败在做事轻率这一点上。这些人对于自己所做的工作从来不会做到尽善尽美。

大部分青年，好像不知道职位的晋升，是建立在忠实履行日常工作职责的基础上的。只有尽职尽责地做好目前所做的工作，才能使他们渐渐地获得价值的提升。

相反，许多人在寻找自我发展机会时，常常这样问自己：“做这种平凡乏味的工作，有什么希望呢？”可是，就是在极其平凡的职业中、极其低微的位置上，往往蕴藏着巨大的机会。只要把自己的工作做得比别人更完美、更迅速、更正确、更专注，调动自己全部的智力，从旧事中找出新方法来，才能引起别人的注意，使自己有发挥本领的机会，进而实现心中的梦想。

做完一件工作以后，应该这样说：“我愿意做那份工作，我已竭尽全力、尽我所能来做那份工作，我更愿意听取人家对我的批评。”

成功者和失败者的分水岭在于：成功者无论做什么，都力

求达到最佳境地，丝毫不会放松；成功者无论做什么职业，都不会轻率疏忽。

你工作的质量往往会决定你生活的质量。在工作中你应该严格要求自己，能做到最好，就不能允许自己只做到次好；能完成百分之百，就不能只完成百分之九十九。不论你的工资是高还是低，你都应该保持这种良好的工作作风。每个人都应该永远带着热情和信心去工作。